本著作获西安财经大学学术著作出版资助

不确定性系统控制策略：理论及应用

高振斌　著

中国财经出版传媒集团
中国财政经济出版社

图书在版编目（CIP）数据

不确定性系统控制策略：理论及应用 / 高振斌著. --北京：中国财政经济出版社，2022.5

ISBN 978 - 7 - 5223 - 1298 - 9

Ⅰ.①不… Ⅱ.①高… Ⅲ.①不确定系统 - 系统控制 Ⅳ.①N94

中国版本图书馆 CIP 数据核字（2022）第 052099 号

责任编辑：葛　新　　　　责任校对：胡永立
封面设计：陈宇琰　　　　责任印制：史大鹏

不确定性系统控制策略：理论及应用
BUQUEDING XING XITONG KONGZHI CELÜE：LILUN JI YINGYONG

中国财政经济出版社 出版

URL：http：//www.cfeph.cn
E - mail：cfeph@cfeph.cn

社址：北京市海淀区阜成路甲 28 号　邮政编码：100142
营销中心电话：010 - 88191522　编辑部门电话：010 - 88190666
天猫网店：中国财政经济出版社旗舰店
网址：https：//zgczjjcbs.tmall.com
北京财经印刷厂印刷　各地新华书店经销
成品尺寸：170mm × 240mm　16 开　13.5 印张　200 000 字
2022 年 5 月第 1 版　2022 年 5 月北京第 1 次印刷
定价：56.00 元
ISBN 978 - 7 - 5223 - 1298 - 9
（图书出现印装问题，本社负责调换，电话：010 - 88190548）
本社质量投诉电话：010 - 88190744
打击盗版举报热线：010 - 88191661　QQ：2242791300

前言

实际工业生产和社会经济领域中的系统和过程普遍存在着不确定性，以致给控制策略的制定和模型的求解带来越来越多的困难。因此，对不确定性控制系统进行研究具有十分重要的理论意义和实际应用价值。

本书对如下几个方面的控制问题进行了研究：

第 1 章绪论，描述了不确定系统的数学模型，并介绍了不确定控制理论的发展现状。

第 2 章至第 4 章介绍了自适应对偶控制的基本理论和方法。其中：第 2 章介绍了对偶控制中探测和谨慎控制的概念，然后给出参数未知 SISO 及 MIMO 随机系统自适应极点配置对偶控制律设计方法，以及基于广义预测控制的自适应对偶控制；第 3 章介绍了基于最大互信息准则的参数未知随机系统次优对偶控制律设计方法；第 4 章介绍了模型不确定系统对偶控制，包括参数不确定随机系统最小方差对偶自适应控制设计方法，参数不确定差分方程模型的对偶控制律的设计，以及不确定随机系统 LQG 对偶控制律的设计。

第 5 章至第 8 章介绍了保性能控制和非脆弱保性能控制的理论和方法。其中：第 5 章针对一类不确定连续和离散随机系统，研究了具有输出反馈控制律的保性能控制；第 6 章介绍了基于 T－S 模糊模型表示的连续和离散不确定控制系统，具有 H_∞ 干扰抑制水平的非脆弱保性能控制律；第 7 章介绍了不确定连续和离散系统的 H_2/H_∞ 非脆弱状态反馈控制律设计方法；第 8 章介绍了基于滚动优化原理的具有约束的非脆弱 H_∞ 状态反馈控制律设计方法。

第 9 章至第 11 章介绍了不确定网络控制系统的控制策略问题。其中：第 9 章介绍了时延 LPV 广义网络控制系统 H_∞ 鲁棒控制；第 10 章介绍了基于 H_∞ 控制理论的 LPV 网络控制系统故障诊断；第 11 章介绍了一类时延不确定网络控制系统积分滑模控制律设计。

第 12 章研究了一类 SEIR 传染病模型的稳定性及最优控制策略。

本书前 6 章内容出自作者的博士论文，第 7 章至第 12 章主要是作者在西安财经大学工作后的研究成果。

在本书付梓之际，感慨良多。感谢我的博士导师钱富才教授，一直以来对我非常关心并给予极大的帮助；感谢书中提及的作者及他们的研究成果；感谢西安财经大学多年来对我的培养，使我在学术上有所建树；感谢在完成本书的过程中，支持、关心、帮助过我的家人和朋友，你们是我前进的动力。

本书适合作为具有微积分、矩阵理论、随机控制理论、鲁棒控制理论、最优控制理论以及计算机仿真等知识的相关专业的本科生和研究生进一步学习控制理论的参考资料，也希望本书能为对控制理论感兴趣的研究者提供一种思路和方法。

由于本人水平和所作工作的局限性，书中难免有疏漏和不足之处，恳请读者提出宝贵意见。

著者

2022 年 1 月

目 录

第1章 绪论

1.1 引言

控制科学与技术是在实践的重大需求驱动下快速发展的。迄今，控制理论经历了经典控制理论、现代控制理论和智能控制理论三个重要发展时期。经典控制理论利用微分方程描述动态系统的运动规律，应用拉普拉斯变换等数学工具求解微分方程。俄国数学家李雅普诺夫（1892）发表了论文《运动稳定性的一般问题》，提出了稳定性的定义和研究稳定性的两种方法；美国贝尔实验室的 Bode（1938）和 Nyquist（1942）提出了频率响应法；美国 Taylor 仪器公司的 J. G. Ziegler 和 N. B. Nichols 提出了 PID 参数的最佳调整法（1942）；在美国贝尔实验室 Bode 领导的火炮控制系统研究小组工作的 C. Shannon 提出了继电器逻辑自动化理论（1938），随后，其发表专著《通信的数字理论》，奠定了信息论的基础（1948）；美国的 Evans 提出了根轨迹法（1948），至此，以单输入单输出为对象的经典控制研究工作已经完成。

现代控制理论是在 20 世纪 50 年代末和 60 年代初发展起来的，在状态空间模型中，利用状态方程和输出方程来描述动态系统的运动规律，充分有效地揭示了动态系统内部的运动规律和本质特征。现代控制理论的一个突出成就是最优控制理论的形成和发展。Bellman（1957）依据最优性原理，发展了变分法中的 Hamilton – Jacobi 理论，提出了动态规划。苏联学者庞特里亚金（1956）提出了最大值原理，解决了闭域上的变分问题，从而奠定了最优控制理论的基础。之后，Kalman 提出了一系列有关状态变量的重要概念，即可控性、可观性、最优线性二次状态反馈，给出了最优状态估计，即 Kalman 滤波。20 世纪 70 年代的自校正控制和自适应控制以及 80 年代针对系统不确定状况的鲁棒控制，极大地发展了现代控制理论。

智能控制理论是控制理论发展的高级阶段。它主要用来解决那些用传统方法难以解决的复杂系统的控制问题。其运用专家控制系统、模糊逻辑、神经网络、遗传算法等智能方法解决了许多工程实际问题。

现代控制理论已经在工业生产过程、军事科学以及航空航天等许多领域取得了成功的应用。例如，动态规划原理可以用来解决某些最优控制问题；利用卡尔曼滤波器可以对具有有色噪声的系统进行状态估计；预测控制理论可以对大滞后过程进行有效的控制。但是它们都有一个基本的要求：被控对象都需要建立精确的数学模型。

然而，在实际控制系统中，普遍存在着不确定性；确定性是相对的，不确定性是绝对的。被控对象精确模型往往难以得到，有时即使得到被控对象的精确模型，但由于过于复杂，在进行控制器设计时必须予以简化。在对实际动态系统的模型进行近似和简化时产生模型不确定性。除此之外，由于系统环境的变化、元器件的老化、某些物理参数的漂移或随时间的未知变化等因素所带来的系统行为的变化也可能导致模型不确定性的产生。参数未知随机系统的系统不确定性表现在：外界噪声干扰是不确定的，仅仅知道其统计特性（均值、方差），在系统运行过程中是无法控制的；另外，系统中存在未知参数，必须通过系统辨识的方法对其进行估计。

1.2　不确定系统的数学模型

就不确定系统的数学模型而言，主要有以下几种：

1. 适用于自适应控制的不确定模型

$$x(k+1)=A(k,\theta)x(k)+B(k,\theta)u(k)+w(k)$$

$$y(k)=C(k,\theta)x(k)+v(k)$$

其中：状态方程和输出方程中，系统矩阵 $A(k,\theta)$、输入矩阵 $B(k,\theta)$ 和输出矩阵 $C(k,\theta)$ 中，含有不确定参数向量 θ，θ 可通过辨识的方法得到，也可以在有限个模型中取值，即：$\theta\in\Delta$，Δ 为不确定模型集；$x(k)\in R^n$ 为状态向量；$u(k)\in R^m$ 为输入向量；$y(k)\in R^p$ 为输出向量；$w(k),v(k)$ 为模型噪声和量测噪声，可以是白噪声或有色噪声。目的是寻求最优控制律 $\{u(k)\},k=0,1,\cdots,N-1$，使如下二次型性能指标达到极小：

$$J=E\{x^T(N)Q_0(N)x(N)+\sum_{k=1}^{N-1}[x^T(k)Q_1(k)x(k)+u^T(k)Q_2(k)u(k)]\}$$

如果 $A(k,\theta)$、$B(k,\theta)$ 和 $C(k,\theta)$ 中，θ 为确定参数，上述问题则变为熟知的 LQG 最优控制问题。

2. 适用于鲁棒控制的不确定模型

(1) 仿射依赖型不确定模型：

$$x(k+1)=(A_0+\Delta A)x(k)$$

其中：$\Delta A=\sum_{i=1}^{m}\delta_i A_i$，$A_i(i=0,1,\cdots,m)$ 为已知相应维数的矩阵，δ_i 为未知参数，满足条件 $|\delta_i|\leqslant r(i=1,2,\cdots,m)$，$r$ 为已知常数。

(2) 多胞型不确定模型：

$$x(k+1)=A(\delta)x(k)$$

其中：$A(\delta)=\sum_{i=1}^{m}\delta_i A_i,\sum_{i=1}^{m}\delta_i=1$，$A_i(i=1,\cdots,m)$ 为已知相应维数的矩阵，δ_i 为未知参数。

（3）范数有界不确定模型：

$$x(k+1)=(A+\Delta A)x(k)$$

其中：$\Delta A=DF(t)E$，D 和 E 为已知适当维数矩阵，$F(t)$ 为未知不确定矩阵，但满足条件 $F^T(t)F(t)<I$。

（4）区间不确定模型：

$$x(k+1)=A_u x(k)$$

其中：$A_u\in[L,U]\equiv\{A_u\in R^{n\times n}|l_{ij}\leqslant a_{ij}\leqslant u_{ij},i,j=1,2,\cdots,n\}$，$L$ 和 U 分别是 A_u 中各元素的下界和上界组成的矩阵。

3. 适用于模糊控制的不确定模型

一些不确定系统具有模糊性。所谓模糊性是由于事物在质上没有确切的含义，在量上没有明确的界限。造成事物呈现亦此亦彼的性态，这些性态的类属是不清楚的，是事物划分上的不确定性。解决这类问题的途径是模糊数学，它是精确数学的延伸和推广。一个模糊系统常采用如下的推理形式：

IF 前提（前件），THEN 结论（后件）

它表示：如果一个事实（或前提、前件）已成立，那么就能推断或导出另一个称之为事实的结论（或后件）。这种基于规则的模糊系统是利用语言变量作为前件和后件，这些语言变量可自然地用模糊集合及其逻辑关系词表示。

1.3 不确定随机系统对偶自适应控制研究概况

20 世纪 60 年代初，苏联学者 Feldbaum 针对随机最优问题，连续发表 4 篇论文，从估计和控制两个方面揭示了随机最优控制策略具有对偶性质（Dual Property）的内在本质[1-2]。在实现控制期望目标与对参数不确定性的学习（或探测）这两个通常相互矛盾的要求时，前者力求控制信号平稳变化，因而只需引入少量的控制作用；后者则要求维持一定幅度的激励信号才能起到探测的作用。而对偶自适应控制策略较好地解决了控制与估计之间的矛盾，实现了“好的”控制与“好的”估计之间的最佳平衡，因此，较其他自适应控制而言，其具有较好的控制性能。2000 年，IEEE Control Magazine Society 把对偶控制列为20 世纪对控制理论有重大影响的25 个问题之一，至今没有解决。

Feldbaum 指出，对具有参数不确定性的随机系统，通过优化一个受约束的、包含不确定性度量的性能指标泛函来实现随机最优控制策略具有双重功能：一方面，控制信号的作用能使对于某一期望目标实现最优跟踪（称为对系统的控制作用或调节作用），这通常表现为系统的状态误差或输出误差最小；另一方面，控制信号的作用还有助于减小系统参数的不确定性（称为对参数不确定性的学习作用或估计作用），这通常表现为某种关于参数不确定性的度量最小。研究者们将随机最优控制策略的这一性质称为对偶性质。显然，由于控制目标往往要求控制信号的变化趋于平缓，而对参数不确定性的学习则要求维持一定幅度的激励信号，因此，控制目标的要求和估计目标的要求在控制律的实现中是矛盾的。

从信号处理的角度分析，对偶性质表现出两种不同的作用趋势：一方面，由于参数估计的不确定性影响，控制作用较参数已知时的情况更为“保守”，以免带来更大的控制误差，称为控制信号的谨慎性质；另一方面，为了尽可能快地降低参数不确定性的影响，控制策略又能主动地引入激励信号，以丰富控制信号频谱，激发各种不确定性模态，便于提高参数估计或系统辨识的精度，称为控制律具有探测作用或学习作用。如果不考虑对参数不确定性的学习，那么控制信号仅极小化控制目标；反之，控制律将一部分能量用于改善参数估计精度，得到的是控制和估计的综合最优。所以，对偶性质在某一期望控制目标下调整其学习作用，是一种主动学习策略。在系统不确定性较为严重的场合，由于控制信号的过分谨慎性质引起的“关断”现象和由于缺乏充分激励信号而发生的“终止”和“猝发”现象已经引起了研究者们的极大重视。

为了分析和求解具有对偶性质的最优控制策略，通常在假设最优解存在的前提下，运用动态规划原理导出一个含有容许控制策略的目标泛函方程（Bellman 方程）。然而，即使是最简单的情况，Bellman 方程也得不到解析解，另外，由于数值求解 Bellman 方程所引起的“维数灾”和多局部极小问题所带来的困难，使具有对偶性质的最优控制策略通常仅有理论分析意义。

为此，研究者们转而投入极大精力去研究既能保持对偶性质又能加以实现的次优随机控制策略，这种牺牲最优性以换取可实现性的指导思想，导致了 30 年来随机控制理论的巨大发展，形成了称之为对偶自适应控制的研究领域。

迄今为止，研究者们所提出的对偶自适应控制算法根据其对性能指标泛函的不同处理大致可以分为两类：第一类为隐式对偶自适应控制策略，它通过对动态规划的 Bellman 方程进行随机逼近分析，在某一确定最优轨迹附近较小范围内得到精度容许的线性随机逼近方程，大大降低了复杂程度和计算量。然而，当系统非线性严重或噪声影响严重时，这种基于小信号摄动分析原理的线性化方法效果很差，往往给性能指标泛函带来较大的线性化误差。第二类为显式对偶自适应控制策略，通过在优化性能指标泛函中，显式地加入反映系统参数不确定性学习效果的项来重新提出相应的优化问题，以平衡控制作用和学习作用，并越来越多地得到应用。

1.3.1 隐式对偶自适应控制策略

Murphy 首先给出了在一种特殊情形（系统极点已知但零点未知）下对偶控制律的随机逼近解[3]。此时，估计问题退化为线性的，而目标泛函的最小化问题退化为一个非线性方程的边值问题，在控制律预测状态的线性反馈条件下通过控制轨迹和预测状态附近的线性化处理而得到次优解。Alspach 则通过用正态分布的和来逼近在目标泛函方程展开中所需要后验概率分布的方法，简化了 Bellman 方程的求解[4]。为进一步简化 Bellman 方程的求解，Moreno 等引入块脉冲函数将状态变量和控制变量在状态空间中多项式展开，并按最优轨迹的具体分布，进行状态空间的非均匀离散化（最优轨迹附近离散点加以精确描述该区域的动态行为），计算结果表明，这一技术尤其适用于非线性系统的随机控制问题[5-6]。

Tse 和 Bar-Shalom 等提出了一类具有普遍使用意义，称为“广义自适应控制”（Wide - sense Adaptive Dual Control，WADC）的逼近方法[7-8]。首先，假设参数不确定性的学习问题由一个扩展的 Kalman 滤波器来完成；其次，根据控制问题的具体情况，在状态空间中选一条标称（Nominal）目标运动轨迹，并通过 Taylor 级数在目标轨迹上将目标泛函展开到有限阶（多为二阶），此时目标泛函分解为表达控制要求和表达估计目标两个部分（体现了对偶性质）；最后，利用搜索的方法得到次优解。由于这种基于 Taylor 级数的分析方法一般是在目标轨迹附近较小的范围内进行的，所以又称为摄动分析方法（Perturbation Analysis）。可以理解，通过这样的处理尽管牺牲了控制策略的最优性，却使计算量大大减小，并且仍能保持一定的对偶性质。

然而，尽管已经对 Bellman 方程的求解做了随机逼近处理，所得到的控制算法仍较复杂，而且必须满足过程的动态特性在标称轨迹附近变化的假设，因此，其难以在实时控制问题中广泛应用。

1.3.2　显式对偶自适应控制策略

针对由差分方程模型描述的参数未知随机系统，通过对性能指标泛函加以扩充，显式地加入描述参数估计精度的度量，得到控制作用与估计作用的总体平衡优化，从而保持控制策略对偶性质，这包含了一大类次优随机控制策略。Wittenmark 通过极小化如下形式的性能指标[9]，设计了一个一步超前控制器：

$$J = \mathrm{E}\{[y(k+1) - y_r(k+1)]^2 + \lambda f(\boldsymbol{P}(k+2)) \mid Y^k, U^{k-1}\} \tag{1-1}$$

其中：$y(k+1)$和$y_r(k+1)$分别为输出和参考轨迹序列，Y^k和U^{k-1}为直到时刻的输出和控制信息集合，$f(\cdot)$为某一非线性函数，$\boldsymbol{P}(k+2)$为参数估计误差协方差矩阵，λ称为学习因子，用以维持“好的”控制和“好的”估计。Alster 和 Belanger 也研究了一个一步超前控制器[10]，不过他们是通过在谨慎控制器的基础上增加一个关于参数估计误差协方差矩阵逆的迹的约束方程来达到目的：

$$J = \mathrm{E}\{[y(k+1) - y_r(k+1)]^2 \mid Y^k, U^{k-1}\} \tag{1-2}$$

$$\text{s.t. } \mathrm{tr}(\boldsymbol{P}^{-1}(k+1)) \geqslant \bar{\rho}(k+1) \tag{1-3}$$

其中：tr(·)表示求矩阵的迹；$\bar{\rho}(k+1)$是约束序列。当参数估计良好时，它等同于谨慎控制器；而当参数估计效果变差时，又能有助于改善估计效果。尽管这种方案不能完全防止“关断”现象，但当发生“关断”时能迅速脱离该状态。后来，Bar 等又将这一结果推广到多变量情形[11]。Goodwin 和 Payne 利用相邻两个时刻参数估计误差协方差矩阵的行列式之比作为性能指标函数的扩展项[12]，提出了如下的目标泛函方程：

$$J^{ACC}=\mathrm{E}\{[y(k)-y_r(k)]^2-\lambda\frac{\det\boldsymbol{P}(k+1)}{\det\boldsymbol{P}(k+2)}\mid Y^k,U^{k-1}\}\qquad(1-4)$$

可以看出，式（1－4）的第二项表达了提高参数估计精度的要求。

以上关于显式对偶自适应控制策略的研究结果有一个共同的特点，即都是利用参数估计误差协方差矩阵作为不确定学习效果的度量，通过在性能指标泛函中显式地加入包含这种度量的函数作为扩展项来保持控制策略的对偶性质。其中，一步超前控制目标表达了控制作用的要求，而扩展项则表达了不确定性学习的要求。为了平衡控制律的这两种作用趋势，通常还加入相应的学习因子。

Lainiotis 等（1973）采用基于后验概率加权方式构成的自适应控制策略，称作 DUL 法[13]。假设系统的不确定性用一个模型集表示，此模型集包含有限个模型，各模型未知但可通过 Kalman 滤波器辨识得到，然后，根据分离原理得到各模型的最优控制律，各模型的后验概率可通过 Bayes 公式得到，进而通过后验概率加权得到系统的对偶自适应控制律。Kalman 滤波器的新息序列包含了参数真值与估计之间的误差信息。Milito 等（1982）根据这一事实在性能指标的基础上，通过学习因子引入新息序列方差，从而实现了控制作用和估计作用的良好折衷[14]，这就是著名的 IDC 控制策略（Innovations Dual Control，IDC）。该对偶控制对应的性能指标优于已有的具有对偶特点的次优控制，但是，最优学习因子由设计者事先给出，在各阶段保持常数。Filatov（1996）提出了双指标准则的对偶自适应控制，两个指标反映了对偶控制的两个目标：控制作用和学习作用，简化了计算[15]。随后，Filatov 又提出了基于双指标准则的极点配置对偶控制器设计方法，针对差分方程模型表示的参数未知随机系统，首先，根据确定性等价（Certainty Equivalence，

CE）原理得到极点配置控制器，并求出其对应的输出，将其作为系统的期望输出，然后，利用双指标准则得到极点配置对偶控制律[16-23]。Knohl 等（2003）针对 Hammerstein 系统，使用人工神经网络和双指标准则进行了间接自适应对偶控制研究[24]。Simon Fabri 等（1998）对仿射输入随机非线性离散系统次优对偶自适应控制器进行了研究[25]，假设非线性系统未知且用神经网络（RBF 或 BP 神经网络）来逼近它们，运用 Kalman 滤波器来调整高斯径向基（RBF）和 BP 神经网络的权值和阈值。Hijab（1984）将 Shannon 信息熵（Information Entropy）的概念引入随机最优控制，针对具有不完全观测信息的情况，设计了一类作为线性二次调节器的进一步推广的自适应调节器[26]。Saridis（1988）研究了系统模型为连续时间非线性状态方程[27]，在给定性能指标最小化时，系统的控制作用具有不确定性的问题，即将控制作用看作一个随机变量，在允许控制集合上按 Jaynes 的最大熵准则确定其概率密度，使最优控制问题等价于控制作用熵函数的最小化问题。Tsai 等（1992）将 Saridis 的研究推广到离散时间非线性状态方程，提出了寻求确定性等价控制律和自适应控制律的方法[28]。

李端教授和钱富才教授在对偶控制的研究方面做出了有价值的工作[29-47]，主要表现在：对于参数的不确定性仅存在于测量方程，提出了方差最小化方法，获得了具有主动学习特点的对偶控制律；用方差最小化和度量系统参数不确定熵的方法给出了参数不确定性存在于状态方程与量测方程的对偶控制律，这些方法仅适用于被控系统的模型为状态空间描述；提出了系统模型为差分方程且系统参数未知的两级优化算法对偶控制，将原来不可解的动态规划问题转化为优化一个新的目标函数，它包含了表达输出调节要求和参数学习要求两个部分，体现了对偶性质。采用两级最优算法求解这个优化问题，具有收敛快的特点，从而使求取控制信号的计算量小，同时，获得了各阶段的最优学习因子；将预测控制中滚动优化的思想引入具有未知参数的状态空间模型的对偶控制策略求解中。

梁军综述了对偶自适应控制的研究现状和应用成果，并探讨了今后的发展趋势[48]；沈艳霞等研究了基于模型参考自适应方法和双指标准则的对偶自适应控制[49]；郑言海等研究了基于双指标准则的参数时变和具有扰动的对偶控制并应用到大型目标模拟器的伺服电机中[50-52]；章辉等将信息论中的熵和互信息概念应用到对偶自适应控制中[53]。

在随机系统的参数不确定性较为严重的情况下，确定性等价控制或谨慎控制器会引起“关断”现象，导致控制系统的失稳。研究者们为了避免这一现象的发生，已经采取了若干措施，其中最直接也是最有效的方法之一是增强系统的激励信号，以提高系统对参数不确定性的主动学习能力，因为“关断”现象一般是由系统缺乏充分激励引起的。郭雷（1995）针对参数未知随机系统，研究了基于最小二乘（Least Square，LS）的自调节器问题的稳定性、最优性、一致性和最优收敛率，提出了基于最小二乘法对系统输出进行跟踪的方法[54]。Lai 和 Wei 等在控制信号或目标参考轨迹中加入一个外部激励信号（通常为高斯白噪声序列），以达到激发过程各种模态、降低参数不确定性的目的[55]。进一步地，如果加入的是指数收敛的衰减激励信号，还能使系统参数收敛到真值，并减小由于激励信号所带来的探测损失。

1.4 不确定系统的鲁棒控制研究概况

Zames（1981）指出[56]，基于状态空间模型的 LQG（Linear Quadratic Guassian）设计方法之所以鲁棒性不好，主要是由 LQG 使用的积分性能指标造成的；另外，用白噪声模型表示不确定干扰也是不现实的。因此，在假定干扰属于某一已知信号集的情况下，他提出用其相应灵敏度函数的范数作为性能指标，设计目标是在可能发生的最坏干扰下，使系统的误差在这种范数意义下达到极小，从而将干扰问题化为求解使闭环系统稳定，并使相应的范数性能指标极小化的输出反馈控制器问题。如果使系统干扰至误差的传递函数的范数最小，则能使有限功率谱的干扰对系统误差的影响降低到最低程度。控制本质上也可以认为是鲁棒控制的一个分支，只不过原始的控制问题不是考虑系统参数的不确定性，而是考虑系统干扰的不确定性。后来又发展了鲁棒控制理论，同时考虑这两种不确定性对系统性能的影响。Zames 提出的以控制系统内某些信号间的传递函数矩阵的范数为优化指标的设计思想，经过几十年的研究，已逐渐形成了系统的控制理论。特别地，Doyle 等(1989) 在美国控制年会上发表了著名的 DGKF 论文[57]，证明了设计问题的解可以通过求解两个适当的代数 Riccati 矩阵方程得到。DGKF 的论文标志着控制理论的成熟，随着相关的商用软件的开发，使控制理论真正成为适用的工程设计理论。进一步，在控制研究中，有界实引理的引进以及其和控制之间关系的建立，为控制的研究提供了新的工具，可以更加简洁有效地证明 DGFK 论文的主要结论[58]。有界实引理也为应用不确定系统二次稳定的 Riccati 方程方法来研究不确定系统的鲁棒控制问题提供了可能。到了 20 世纪 90 年代，随着线性矩阵不等式（Linear Matrix Inequality，LMI）的兴起[59]，出现了控制问题的 LMI 处理方法。这一参数化表示方式的好处在于可以用其来设计同时具有给定的性能和其他性能要求的多目标控制器[60-62]。

如前所述，标准控制问题处理的是外部信号的不确定性，如同 LQ (Linear Quadratic) 控制方法一样，控制方法对系统模型中的参数摄动或参数不确定性的鲁棒性却很差。因此，如何结合对系统参数不确定性的考虑，研究针对所有允许的参数不确定性，闭环系统都具有期望的性能的控制问题是十分重要的，这就是不确定系统的鲁棒控制问题。Zhou 等(1988) 采用 LMI 方法研究了不确定系统鲁棒性能的分析和综合问题[63]，通过将鲁棒分析和鲁棒状态反馈综合问题转化为一个有限维的凸优化问题，提出了不确定系统鲁棒控制问题的另一种解法，该方法也可以方便地应用到不确定离散系统中。Xie 等采用不确定系统二次稳定的 Riccati 方程处理方法，研究了范数有界时变参数不确定系统的鲁棒控制问题，最早提出了基于 Riccati 方程处理方法的鲁棒控制器设计方法，其主要工具是有界实引理[64]。通过一个带参数的代数 Riccati 矩阵方程正定解的存在性，描述了鲁棒控制问题的可解性，进而给出了用该 Riccati 矩阵方程的正定解来构造鲁棒状态反馈控制律的方法 。

控制理论已被尝试应用于交流调试系统、倒立摆、柔性臂以及空间飞行器的姿态控制中，其有效性得到了越来越多的证实。

1.5 基于T-S模型的鲁棒控制研究概况

Zadeh（1965）首次提出了表达事物模糊性的重要概念——隶属度函数，从而突破经典集合论的局限性[65]。1973年，他建立了模糊控制理论基础，引入语言变量，提出了运用模糊 IF-THEN 规则来表达人类知识[66]。20世纪80年代，Sugeno 在通过指令使汽车自动寻找泊位的模糊机器人方面做出了先驱性的工作[67]。1987年，在东京召开的第二届国际模糊系统年会（Second Annual International Fuzzy Systems Association Conference）期间，Hirota 演示了可进行二维乒乓球游戏的模糊机器人手臂[68]，Yamakawa 演示了运用模糊控制来平衡倒立摆[69]。1992年，第一届 IEEE 模糊系统国际会议在 San Diego 召开，这标志着模糊理论在工程领域被广泛认同。

Sugeno 和 Takagi（1985）提出了 Takagi-Sugeno 模糊推理方法，称作 T-S模糊系统模型[70]。它可描述或有效地逼近广泛的一类非线性系统。Kazuo（1998）提出了基于 LMIs 的 T-S 模糊混沌控制系统的控制器的设计方法，将混沌系统表示成 T-S 模糊模型，用并行分布补偿算法（Parallel Distribute Compensation，PDC）设计 T-S 模糊模型的控制器，并且使二次型性能指标约束尽可能小[71]。Kiriakos（1999）用 LMI 解决了一类不确定非线性系统的鲁棒稳定性问题[72]，对输入、输出受限的情况，给出了相应的 LMI 形式。Wang H O 等(2001）提出了二次稳定状态反馈 PDC 控制器更宽松的条件[73]。孙衢（2001）研究了模糊动态系统基于线性矩阵不等式的输出反馈控制问题[74]。Zhang N（2001）研究了采用 T-S 模糊动态模型对多变量复杂非线性系统进行模糊控制[75]。Wu H N（2004）对非线性离散系统激励器故障的可靠 LQ 模糊控制进行了研究，并表示成 LMI 形式[76]。Wang R J 等研究了不确定模糊时滞系统具有线性二次状态反馈控制器的稳定性，将能够使此系统渐近稳定的充分条件表示成 LMI 形式，并得到了摄动的误差界[77]。

1.6 不确定系统保性能控制研究概况

不确定系统保性能控制由 Chang 和 Peng 于 1972 年在自适应控制中首次提出[78]。其基本思想是对不确定系统设计一个反馈控制器，使其闭环系统不仅是渐近稳定的，而且对于所有容许的不确定性，其相应的性能指标不超过某个确定的上界。

Pertersen 和 McFarlan（1994）首先研究了范数有界不确定线性系统的基于 LQG 性能指标的状态反馈保性能控制器[79]，采用的方法不同于最优控制理论中的变分法、最小值原理和动态规划法，而是在存在反馈增益矩阵假设下，构造一个具有不确定性的闭环线性系统，利用 Lyapunov 稳定性理论，得到一个参数依赖的代数 Riccati 方程，在考虑该代数 Riccati 方程约束下，对二次型性能指标进行优化，最后导致解算一个包含不确定界信息的 Riccati 型方程，进而构造状态反馈控制器增益的方法。Petersen（1995）给出了使不确定闭环系统二次型稳定的输出反馈 LQG 保性能控制器[80]。Moheimani 等（1996）考察一类可检测的初始状态随机的时变范数有界不确定系统，得到了与前文不同的结果[81]。由数个矩阵方程推出了存在静态输出反馈保性能控制器的方法，又将动态输出反馈问题转化为一类静态输出反馈问题，通过选择合适的加权矩阵，得到了一个存在动态输出反馈控制律的解的必要条件。近年来，控制系统的多目标设计方法已受到人们的重视，Moheimani 等（1996）研究了一类范数有界不确定性鲁棒状态反馈控制器的设计，将不确定性系统的闭环极点配置到一个圆域中，二次型性能指标满足上界[82]。Petersen（1998）将随机不确定系统输出反馈保性能控制应用于导弹自动驾驶仪的设计[83]。

俞立等（1999）研究了一类不确定离散系统的保性能控制问题[84]，导出了保性能控制律存在的条件，通过将保性能控制问题转化为一个辅助线性时不变系统的控制问题，采用控制技术给出了保性能控制律的设计方法。但得到的保性能控制律存在的条件仅仅是充分条件；不能确定使闭环系统性能指标的上界尽可能小的最优保性能控制律。俞立等（2001）首次对具有两个不同被调输出的一类不确定离散事件系统的状态反馈保性能控制问题进行了研究[85]。基于 LMI 处理方法，导出了存在状态反馈保性能控制律的充分必要条件，用一个 LMI 的可行解给出了所有保性能控制律的参数化表示。又通过建立和求解一个凸优化问题，给出了最优保性能控制律的设计方法。

Keel L H（1997）对非脆弱保性能控制进行了研究[86]。所谓非脆弱保性能控制就是允许所设计的保性能控制律可以产生某种有约束的扰动，且其性能指标仍不超过某个确定的上界。其讨论了三种乘法形式扰动的保性能控制，由一组线性矩阵的可行解给出了充分条件。Yang G H 等(2000) 考虑一种使控制律具有乘法形式或加法形式扰动的保性能控制器[87]，并由一组 LMI 给出了存在此类保性能控制器的充要条件，不足的是他们所考虑的系统不含不确定性。非脆弱保性能控制器的缺点是可能使性能指标上界增大。由于构造状态反馈保性能控制律必须假定系统的状态可直接测量得到，而这又是相当困难的，解决这个问题最好的办法是设计输出反馈性能控制器。陈国定等(2002) 设计了利用 LMI 给出设计这类控制器的方法[88]。

1.7 不确定网络控制系统的鲁棒故障检测

网络控制系统（Networked Control Systems，NCS）又称为通信与控制系统（Integrated Communication and Control Systems，ICCS），是复杂大系统控制和远程控制系统的客观需求，传感器、控制器和执行器等现场设备的智能化，为通信网络在控制系统更深层次的应用提供了必要的物质基础，而高速以太网和现场总线技术的发展，以及成熟解决了网络控制系统自身的可靠性和开放性问题，使之成为现实。

在 NCS 中，控制器、传感器、执行器等各系统部件之间的信息传递，都是依靠专用或公用计算机网络来实现的，各种信号（包括检测、控制、协调和指令等）都是通过数据网络进行传输，而估计、控制和诊断职能也可以在不同的网络节点中分步执行。数据网络对不可预见的网络拓扑结构的变化（例如，增减网络节点或节点之间的连接等）具有很强的鲁棒性，通过良好的网络结构和网络协议设计可以使系统中的信号通道远比部分系统部件可靠；而在传统的控制系统中，部件之间的连接常常直接影响系统的可靠性。控制信息通过多节点、多处理器的分布式处理能使系统更加鲁棒和容错。由于网络化带来各种时延，这会降低基于解析冗余的故障检测算法的性能，甚至使之失效。诸如此类因素，使网络控制系统的实时故障诊断理论、容错控制系统的结构等与传统控制系统有所不同[89-96]。

线性参数变化（LPV）系统理论最早是由 Shamma 在 1988 年提出来的，其动态特性依赖于实时可测的调节参数。其状态空间矩阵（系统状态空间描述中的系数矩阵，简称“状态空间矩阵”）是某些时变参数向量的函数。当这些时变参数沿某给定的参数轨迹变化时，LPV 系统退化为一般的线性时变（Linear Time Variation，LTV）系统；而当这些参数为某固定值时，系统退化为线性定常（Linear Time Invariation，LTI）系统。因其中的调节参数可以反映系统的非线性特性，LPV 系统可用于描述非线性系统，运用线性化方法设计控制器，从而使控制器的增益随参数的变化而变化。

在实际工程中，许多非线性系统都可以用 LPV 系统来描述，因此，研究 LPV 系统的控制与故障诊断问题具有重要的理论意义和广阔的应用前景[97-111]。

滑动模态控制（Sliding Mode Control，SMC）又称滑模变结构控制，出现在 20 世纪 50 年代，经历了 60 余年的发展，已经形成了一个相对对立的分支，适用于线性与非线性系统、连续与离散系统、确定性与不确定性系统等。这种控制方法通过控制量的切换使系统状态沿着滑模面运动，使系统在受到参数摄动和外干扰时具有不变性，由于滑模控制算法简单、鲁棒性好和可靠性高，故被广泛运用到运动控制中[112-114]。

另外，对于一些网络控制系统，在设计控制器时必须考虑实际存在控制量约束（如执行机构饱和等），否则不仅会破坏期望控制性能的获得，而且会导致系统不稳定。因此，系统存在约束的控制问题引起了人们的普遍关注。

如果在有限时域上将 H_∞ 控制理论及非脆弱控制与滚动优化策略相结合，并且将系统约束考虑其中，就能有效地克服网络控制系统的不确定性以及控制器的不确定性，及时弥补，始终把新的优化建立在实际的基础之上，使控制保持实际上的最优。

第2章

参数不确定随机系统自适应对偶控制

2.1 探测与谨慎

为了理解对偶控制的本质，本节通过文献中的一个经典例子学习对偶控制中的两个基本概念——探测与谨慎。

考虑如下随机系统：

$$y(k+1)=y(k)+bu(k)+w(k+1) \tag{2-1}$$

其中：b 为未知的系统参数，设为常数；$\{w(k+1)\}$ 为不相关的零均值平稳高斯随机向量序列，方差为 σ_w^2。

假设系统的期望输出为0，于是构造该系统的最小方差目标函数为：

$$J=E\{y(k+1)^2 \mid I^k\} \tag{2-2}$$

如果在 k 时刻，用实时信息 I^k 对系统的未知参数进行估计，估计 $\hat{b}(k)$ 与估计误差方差 $p_b(k)$ 分别定义为：

$$\begin{aligned}\hat{b}(k)&=E\{b \mid I^k\}\\ p_b(k)&=Var\{b \mid I^k\}=E\{(b-\hat{b}(k))T(b-\hat{b}(k)) \mid I^k\}\end{aligned} \tag{2-3}$$

对下面的系统应用 Kalman 滤波：

$$
\begin{aligned}
&b(k+1)=b(k) \\
&y(k+1)=y(k)+bu(k)+w(k+1)
\end{aligned}
\tag{2-4}
$$

可以得到：

$$
\hat{b}(k+1)=\hat{b}(k)+\frac{P_b(k)u(k)}{P_b(k)u^2(k)+\sigma_w^2}[y(k+1)-y(k)-\hat{b}(k)u(k)] \tag{2-5}
$$

$$
P_b(k+1)=P_b(k)-\frac{P_b^2(k)u^2(k)}{P_b(k)u^2(k)+\sigma_w^2}=\frac{P_b(k)\sigma_w^2}{P_b(k)u^2(k)+\sigma_w^2} \tag{2-6}
$$

注意到在经典的 LQG 问题中，估计误差方差与控制无关。而在现在讨论的例子中，估计误差方差 $P_b(k+1)$ 与控制明显相关。在 LQG 问题中，控制不改变状态的不确定性，而现在讨论的例子却不然，这缘由 b 的未知性。从式（2-6）可以看到：

$$
\lim_{u(k)\to\infty} P_b(k+1)\to 0 \tag{2-7}
$$

式（2-7）表明：控制信号越大，估计误差方差越小，当控制趋于无穷时，估计误差方差趋于 0，即参数的估计值趋于真值（$\hat{b}(k)\to b$, 当 $u(k)\to\infty$）。因此，用幅值较大的控制对系统进行持续激励有助于改善参数估计，或者说有助于学习。控制的这一作用被称为探测（Probing）。

如果参数 b 已知，那么由系统（2-1）和目标函数（2-2）构成最优控制。问题可如下求解：

$$
J=E\{(y(k)+bu(k)+w(k+1))^2\,|I^k\}=(y(k)+bu(k))^2+\sigma_w^2 \tag{2-8}
$$

关于 $u(k)$ 最小化式（2-8），得到最优控制为：

$$
u_{opt}(k)=-\frac{1}{b}y(k) \tag{2-9}
$$

如果 b 未知，假如用 Kalman 滤波已经获得了 b 的估计 $\hat{b}(k)$，根据确定性等价（Certainty Equivalence，CE）原理，即在式（2-9）中用估计值 $\hat{b}(k)$ 代替真值 b，可得到如下确定性等价控制：

$$
u_{ce}(k)=-\frac{1}{\hat{b}}y(k) \tag{2-10}
$$

与 $u_{opt}(k)$ 和 $u_{ce}(k)$ 相应的目标函数值分别为：

$$J_{opt} = J|_{u_{opt}(k)} = \sigma_w^2 \tag{2-11}$$

$$J_{ce} = J|_{u_{ce}(k)} = E\{(y(k) - \frac{b}{\hat{b}}y(k) + w(k+1))^2 | I^k\} = \frac{p_b(k)}{\hat{b}^2(k)}y^2(k) + \sigma_w^2 \tag{2-12}$$

显然，$J_{ce} > J_{opt}$。在 J_{ce} 中，导致目标函数值增加的第一项是由参数 b 的不确定性引起的，如果 b 没有不确定性，即 $P_b(k) = 0$，那么 $J_{ce} = J_{opt}$。

确定性等价控制不是式（2-2）中目标函数 J 的最优控制，这点可通过以下讨论得到：

$$\begin{aligned} J &= E\{y^2(k+1) | I^k\} \\ &= E\{(y(k) + bu(k) + w(k+1))^2 | I^k\} \\ &= y^2(k) + 2\hat{b}(k)u(k)y(k) + (\hat{b}^2(k) + P_b(k))u^2(k) + \sigma_w^2 \end{aligned} \tag{2-13}$$

上式推导中，用到了关系 $\hat{b}(k) = E\{b | I^k\}$ 和 $E\{b^2 | I^k\} = \hat{b}^2(k) + P_b(k)$。

在式（2-13）中，关于 $u(k)$ 最小化目标函数 J，则得到以下最优控制：

$$u_{cau}(k) = -\frac{\hat{b}(k)}{\hat{b}^2(k) + p_b(k)}y(k) \tag{2-14}$$

与 $u_{cau}(k)$ 对应的目标函数值为：

$$J_{cau} = \frac{p_b(k)}{\hat{b}^2(k) + p_b(k)}y^2(k) + \sigma_w^2 \tag{2-15}$$

由此看出，在参数 b 未知的情况下，确定性等价控制 $u_{ce}(k)$ 不是最优控制，它对应的目标函数值比 $u_{cau}(k)$ 对应的目标函数值要大。当未知参数 b 的不确定性变大时，即 $P_b(k)$ 变大，根据式（2-14），最优控制 $u_{cau}(k)$ 的值变小，当 $P_b(k)$ 趋向无穷时，最优控制 $u_{cau}(k)$ 趋于0。这符合实际经验，即对不熟悉的系统进行控制，一般不会用太大的控制力。控制器的这一特点被称为谨慎（Cautiou）作用。

总结以上讨论，有以下结论：利用确定性原理所得的控制 $u_{ce}(k)$ 不是最优控制。控制的探测作用希望控制量的幅度尽可能的大；而控制的谨慎作用希望控制的幅度在不确定性较大的场合尽可能的小。两者之间互相冲突，存在耦合，不满足分离性，因此不能分开进行。对偶控制就是力图在两者之间进行最佳平衡。

2.2 单输入单输出双重标准自适应对偶控制

2.2.1 问题提出

考虑下面的单输入单输出随机系统：

$$A(q^{-1})y(k)=B(q^{-1})u(k)+e(k) \tag{2-16}$$

其中：$A(q^{-1})=1-a_1q^{-1}\cdots-a_nq^{-n}, B(q^{-1})=b_1q^{-1}+\cdots+b_mq^{-m}$，$q^{-1}$为后移算子，$k=0,1,\cdots,N-1$；$y(k)\in R$ 和 $u(k)\in R$ 分别是系统在 k 时刻的输出和输入；$e(k)$为零均值的高斯白噪声序列；方差为 σ_e^2；n 与 m 为系统的输出与输入阶次。

假定初始条件为 $I^0=[u(-1),\cdots,u(-m+1),y(0),\cdots,y(-n+1)]$。将 k 时刻已知的输入量和可量测的输出量构成控制过程实时信息序列，记为：

$$I^k=[u(k-1),\cdots,u(0),y(k),\cdots,y(1),I^0](k=0,1,\cdots,N-1) \tag{2-17}$$

假定系统的参数：

$$x(k)=[b_1(k),b_2(k),\cdots,b_m(k),a_1(k),a_2(k),\cdots,a_n(k)]^T=[b_1(k),\alpha^T]^T$$

$$\varphi(k)=[u(k-1),\cdots,u(k-m),y(k-1),\cdots,y(k-n)]^T=[u(k-1),\psi^T(k)]^T$$

则单输入单输出随机系统（2-16）可写成如下的形式：

$$y(k)=\varphi^T(k)x(k)+e(k) \tag{2-18}$$

假设未知系统参数为如下随机过程，即：

$$x(k+1)=x(k)+w(k) \tag{2-19}$$

其中：$\varphi^T(k)$为量测阵，可以是时不变或者时变的；$w(k)$和$e(k)$分别为模型噪声向量和量测噪声向量，均为独立同分布的高斯随机向量，即 $w(k)\sim N(0,\sigma_w^2)$和 $e(k)\sim N(0,\sigma_e^2)$。

已知实时信息阵 $I^k(k=0,1,\cdots,N-1)$，假定 x 的先验初值为 $x(0)$，协

方差阵为 $P(0)$、$x(k)$、$y(k)$ 的条件概率分布是高斯的，且 $x(k)$, $y(k)$ 与 $w(k)$、$e(k)$ 互相独立。

对于未知参数 $x(k)$ 的辨识，可根据 Kalman 滤波器获得：

$$\hat{x}(k+1|k+1)=\hat{x}(k|k)+K(k+1)[y(k+1)-\varphi^T(k)\hat{x}(k|k)]$$

$$K(k+1)=P(k+1|k)\varphi(k)[\varphi^T(k)P(k+1|k)\varphi(k)+\sigma_e^2]^{-1}$$

$$P(k+1|k)=P(k|k)+\sigma_w^2$$

$$P(k+1|k+1)=P(k+1|k)-K(k+1)\varphi^T(k)P(k+1|k)$$

其中：$\hat{x}(k|k)$ 为 k 时刻的滤波；$K(k+1|k+1)$ 为滤波增益；$P(k|+1|k+1)$ 为滤波方差。

2.2.2 参数估计仿真

考虑稳定二阶对象：

$$G(s)=\frac{K}{(1+sT_1)(1+sT_2)}$$

其中：T_2 为常数，K 和 T_1 为时变参数。则：

$$K(t)=13-\frac{1}{75}t, T_1(t)=\frac{\pi}{450}t, T_2(t)=4$$

上述时变对象可表示成如下时域形式：

$$T_1(t)T_2(t)\ddot{y}(t)+[T_1(t)+T_2(t)]\dot{y}(t)+y(t)=K(t)u(t)$$

采用零阶保持法离散化上述模型，采样时间 $Ts=3s$，离散传递函数如下所示：

$$G(z)=\frac{b_1z^{-1}+b_2z^{-2}}{1+a_1z^{-1}+a_2z^{-2}}$$

其中：参数 a_1, a_2, b_1, b_2 变化趋势如图 2-1 所示。

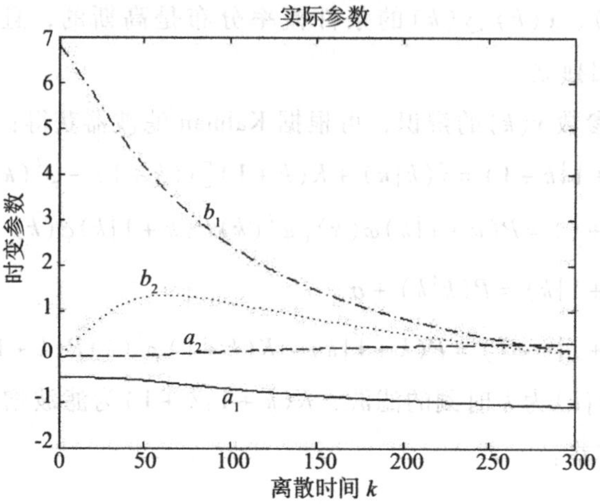

图 2-1　参数 a_1, a_2, b_1, b_2 变化趋势

为辨识上述参数，初始条件取如下值：

$$\hat{x}(0)=[0,0,0,0], P=1000I, \sigma_w^2=0.01, \sigma_e^2=0.5$$

参数辨识结果如图 2-2 所示。图 2-3 所示为辨识参数 a_1, a_2, b_1, b_2 所必需的系统控制和输出信号，即 $u(k)$ 和 $y(k)$。

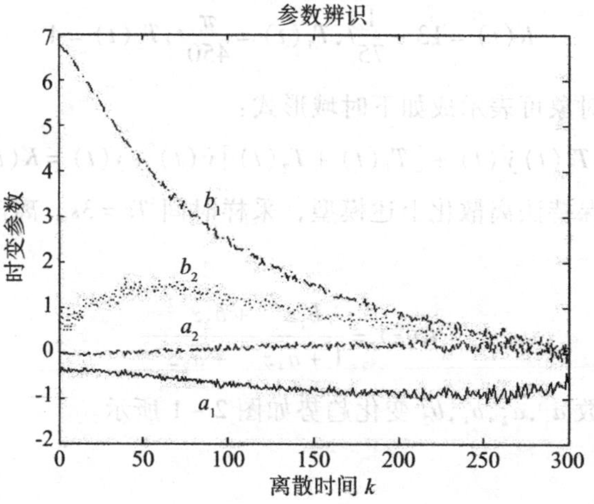

图 2-2　参数 a_1, a_2, b_1, b_2 辨识结果

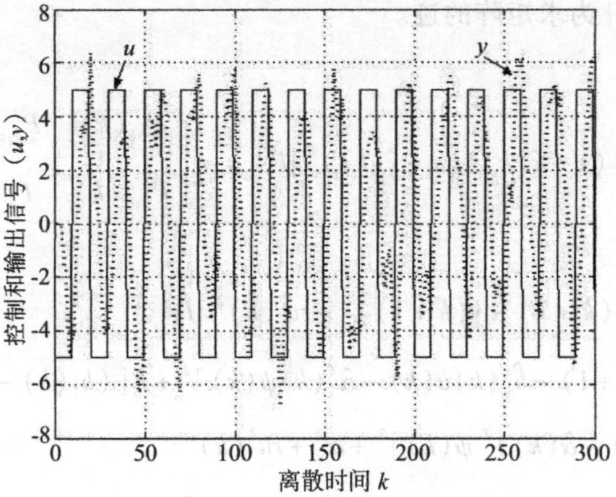

图 2-3　系统控制及输出信号

2.2.3　对偶自适应控制器设计

取如下双重指标：

$$J_k^c = E\{(w(k+1) - y(k+1))^2 + ru(k)^2 | I^k\} \qquad (2-20)$$

$$J_k^d = -E\{(y(k+1) - \hat{x}^T(k)\varphi(k))^2 | I^k\} \qquad (2-21)$$

其中：$y(k+1)$为系统（2-16）的理想输出；$r>0$为加权因子。对偶控制律为：

$$u(k) = \arg\min_{u(k)\in\Omega_k} J_k^d \qquad (2-22)$$

其中：

$$\Omega_k = \{u_c(k) - \theta(k); u_c(k) + \theta(k)\} \qquad (2-23)$$

$$\theta(k) = f(P(k)) \qquad (2-24)$$

$$u_c(k) = \arg\min_{u(k)} J_k^c \qquad (2-25)$$

其中：$u_c(k)$为使指标（2-20）极小化的谨慎控制律；使指标（2-21）极小的对偶控制律$u(k)$在以$u_c(k)$为中心的Ω_k内取值。

定义：

$$\theta(k) = f(P(k)) = \eta(tr\{P(k)\})^k(\eta>0, k\geqslant 1) \qquad (2-26)$$

其中：$tr\{\cdot\}$为求矩阵的迹。

定义：

$$P(k)=E\{(x-\hat{x}(k))(x-\hat{x}(k))^T|I^k\}==\begin{bmatrix} P_{b_1}(k) & P_{b_1\alpha}(k) \\ P_{b_1\alpha}^T(k) & P_\alpha(k) \end{bmatrix} \quad (2-27)$$

则：

$$\begin{aligned} J_k^c &= E\{(y_r(k+1)-y(k+1))^2+ru(k)^2|I^k\} \\ &= [y_r(k+1)-\hat{b}_1(k)u(k)-\hat{\alpha}^T(k)\psi(k)]^2+E[(b_1(k)-\hat{b}_1(k))u(k)+ \\ &\quad (\alpha(k)-\hat{\alpha}(k))^T\psi(k)]^2+\sigma_e^2+ru^2(k) \\ &= (\hat{b}_1^2(k)+P_{b_1}(k))u^2(k)+2(P_{b_1\alpha}^T(k)+\hat{b}_1(k)\hat{\alpha}^T(k))\psi(k)u(k)- \\ &\quad 2\hat{b}_1(k)y_r(k+1)u(k)+ru^2(k)+\bar{c}_0 \end{aligned} \quad (2-28)$$

这里 $\bar{c}_0(k)$不包含$u(k)$。

令$\dfrac{\partial J_k^c}{\partial u}=0$，则得谨慎控制器：

$$u_c(k)=\frac{\hat{b}_1(k)w(k+1)-[\hat{b}_1(k)\hat{\alpha}^T(k)+P_{b_1\alpha}^T(k)]\psi(k)}{\hat{b}_1^2(k)+P_{b_1}(k)+r} \quad (2-29)$$

在Ω_k中，由式（2-22）的最小化可以得到对偶控制器：

$$\begin{aligned} u(k) &= u_c(k)+\theta(k)\,\mathrm{sign}\{J_k^a(u_c(k)-\theta(k))-J_k^a(u_c(k)+\theta(k))\} \\ &= [u_c(k)+u_a(k)]\in\Omega_k \end{aligned} \quad (2-30)$$

这里，$\theta(k)$如式（2-26）所示；$u_a(k)$是对偶控制器的最优激励，且：

$$\mathrm{sign}\{\tilde{\alpha}\}=\begin{cases} 1, & \tilde{\alpha}>0 \\ -1, & \tilde{\alpha}<0 \end{cases}$$

同时，由式（2-21）可以求得：

$$\begin{aligned} J_k^a(u(k)) &= -E\{(y(k+1)-\hat{x}(k)\varphi(k))(y(k+1)-\hat{x}(k)\varphi(k))^T|I^k\} \\ &= -P_{b_1}u^2(k)-2P_{b_1a}^T\psi(k)u(k)+\bar{c}_1(k) \end{aligned} \quad (2-31)$$

这里 $\bar{c}_1(k)$不包含$u(k)$。

对于式（2-30）的部分表达$\{\cdot\}$，可以通过插入式（2-31）直接得到：

$$J_k^a(u_c(k)-\theta(k))-J_k^a(u_c(k)+\theta(k))=4\theta(k)P_{b_1}u_c(k)+4\theta(k)P_{b_1a}^T\psi(k)$$
$$=c(k) \tag{2-32}$$

通过式（2－30）的代换，最后给出对偶控制律：

$$u(k)=u_c(k)+\theta(k)\operatorname{sign}\{c(k)\} \tag{2-33}$$

2.2.4 仿真示例

考虑如下随机系统模型：

$$y(k+1)=1.5y(k)-0.7y(k-1)+u(k)+0.5u(k-1)+e(k+1)$$

其中：$e(k+1)\sim N(0,0.01)$，在式（2－20）中取 $y_r(k+1)$ 为周期为50，幅值为 ±5 的方波信号。

假设参数 $x(k)=[a_1,a_2,b_1,b_2]$ 未知但不变，即在式（2－19）中，$w(k+1)\sim N(0,0)$；其真实值为 $a_1=1.5,a_2=-0.7,b_1=1,b_2=0.5$。

假设 $\hat{x}(0)=[0.1,0.1,0.1,0.1],P(0)=45I$，参数辨识结果如图2－4所示。

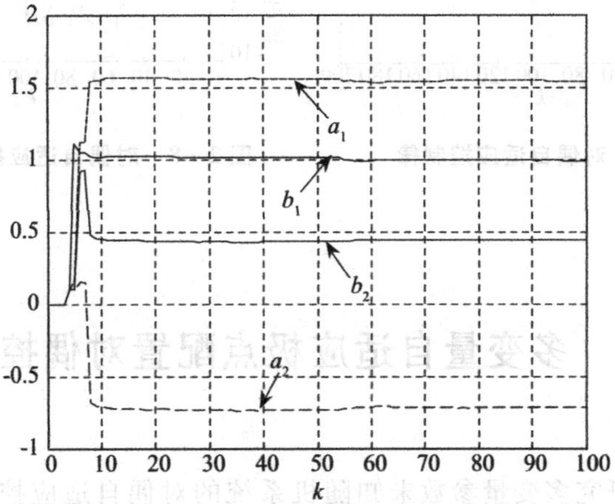

图2－4 Kalman滤波器辨识未知参数

在式（2－29）中，令 $P_{b_1}(k)=0,P_{b_1\alpha}^T=0$，此时的谨慎控制律即为CE控制律。如图2－5和图2－6所示。

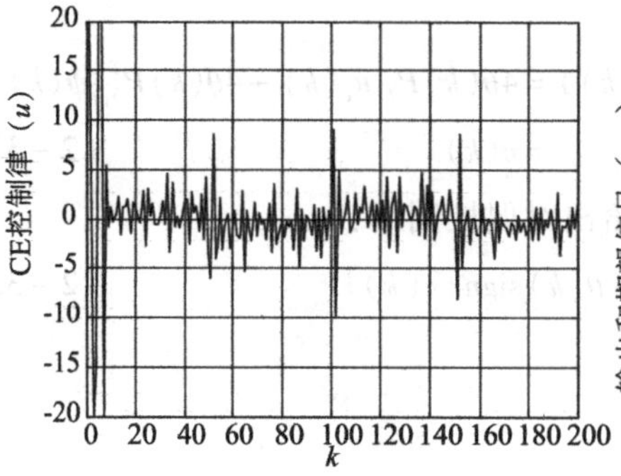

图 2－5　CE 控制律

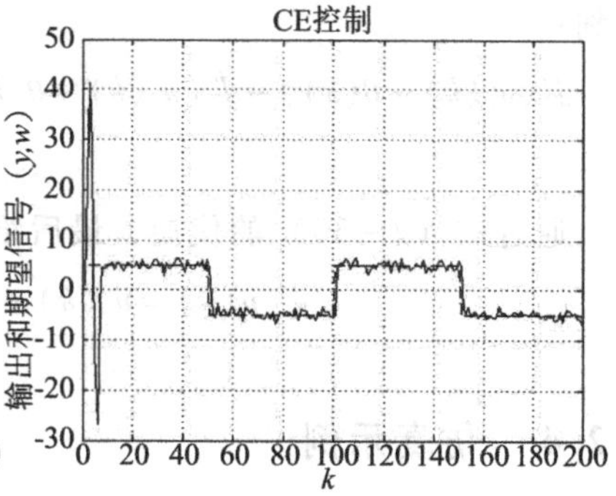

图 2－6　CE 算法系统输出

在式（2－33）中，令 $\theta(k)=\eta\,(tr\{P(k)\})^{k}=0.5tr\{P(k)\}$，所得的对偶控制律如图 2－7 和图 2－8 所示。

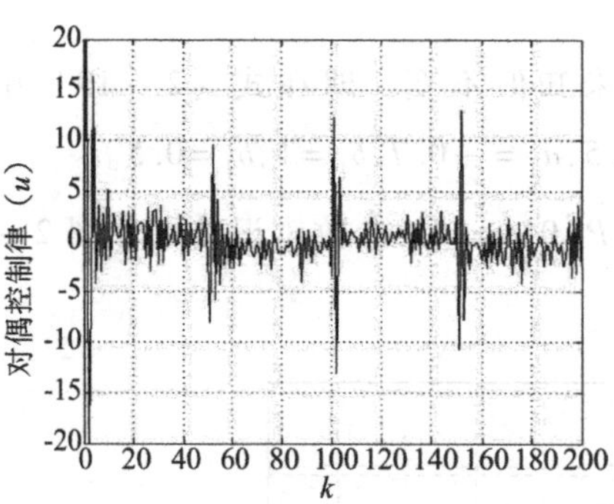

图 2－7　对偶自适应控制律

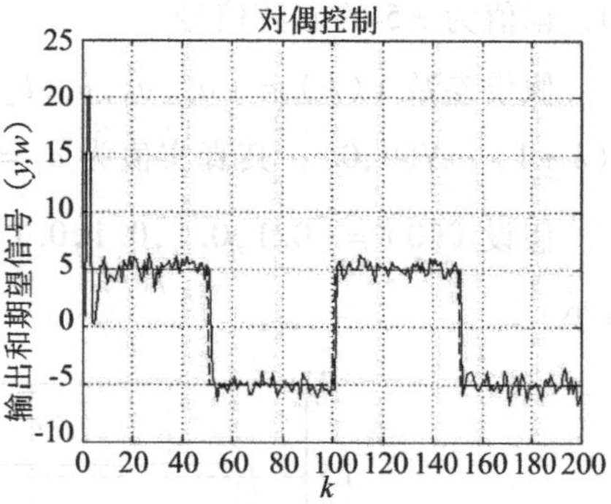

图 2－8　对偶自适应控制系统输出

2.3　多变量自适应极点配置对偶控制研究

本节主要研究多变量参数未知随机系统的对偶自适应控制问题。首先，通过 Kalman 滤波器对多变量随机系统未知参数进行辨识；其次，基于 CE 原理，设计极点配置控制器，使闭环系统的极点配置到期望的区域内；最后，将得到的非对偶控制器作为期望输入，作用于系统后得到的输出认为是理想输出。运用双指标准则，使系统的实际输出跟踪理想输出，并且通过对参数不确定性的学习得到对偶控制器。

2.3.1 问题的提出

考虑如下多输入多输出 ARMA 系统：

$$y_1(k+1)+a_{11}y_1(k)+\cdots+a_{1n}y_n(k)=b_{11}u_1(k)+\cdots+b_{1m}u_m(k)+e_1(k+1)$$
$$y_2(k+1)+a_{21}y_1(k)+\cdots+a_{2n}y_n(k)=b_{21}u_1(k)+\cdots+b_{2m}u_m(k)+e_2(k+1)$$
$$\cdots$$
$$y_n(k+1)+a_{n1}y_1(k)+\cdots+a_{nn}y_n(k)=b_{n1}u_1(k)+\cdots+b_{nm}u_m(k)+e_n(k+1)$$
$$(2-34)$$

上式可写成如下差分方程的形式：

$$A(q^{-1})y(k)=B(q^{-1})u(k)+e(k) \tag{2-35}$$

其中：$y(k)=[y_1(k),y_2(k),\cdots,y_n(k)]^T\in R^n$；$u(k)=[u_1(k),u_2(k),\cdots,u_m(k)]^T\in R^m$；$e(k)=[e_1(k),e_2(k),\cdots,e_n(k)]^T\in R^n$；$y(k)$、$u(k)$分别是输出、输入向量；$e(k)$为均值为零，方差为 W 的白噪声向量，即：$e(k)\sim N(0,W)$；$A(q^{-1})\in R^{n\times n}$，$B(q^{-1})\in R^{n\times m}$均是后移算子 q^{-1} 矩阵的多项式，且：$A(q^{-1})=I_n+A_1q^{-1},B(q^{-1})=B_1q^{-1}$。

其中：I_n 为 n 维单位矩阵，$A_1=\begin{bmatrix} a_{11} & a_{12} & \cdots & a_{1n} \\ a_{21} & a_{22} & \cdots & a_{2n} \\ \vdots & \vdots & \cdots & \vdots \\ a_{n1} & a_{n2} & \cdots & a_{nn} \end{bmatrix}$，$B_1=\begin{bmatrix} b_{11} & b_{12} & \cdots & b_{1m} \\ b_{21} & b_{22} & \cdots & b_{2m} \\ \vdots & \vdots & \cdots & \vdots \\ b_{n1} & b_{n2} & \cdots & b_{nm} \end{bmatrix}$。

于是，式（2-34）可写成：

$$y(k)=-A_1y(k-1)+B_1u(k-1)+e(k) \tag{2-36}$$

定义：

$$x(k)=[b_1^T,a_1^T\,|\,b_2^T,a_2^T\,|\cdots|\,b_n^T,a_n^T]^T$$

其中：$b_i^T,a_i^T,i=1,2,\cdots,n$ 分别为矩阵 B_1 和 A_1 的第 i 行元素，即：$A_1=[a_1,a_2,\cdots,a_n]^T$，$B_1=[b_1,b_2,\cdots,b_n]^T$

定义：

$$\Phi^T(k)=[u^T(k),-y^T(k)]$$

测量阵为：

$$H(k)=\mathrm{diag}[\Phi^T(k),\Phi^T(k),\cdots,\Phi^T(k)]$$

则，式（2-36）可写为：

$$y(k+1)=H(k)x(k)+e(k+1) \tag{2-37}$$

假定参数未知，且保持不变，即：

$$x(k+1)=x(k) \tag{2-38}$$

可以用递推 Kalman 滤波来估计它们。

$$\hat{x}(k+1|k+1)=\hat{x}(k+1|k)+K(k+1)[y(k+1)-H(k)\hat{x}(k+1|k)]$$

$$\hat{x}(k+1|k)=\hat{x}(k|k)$$

$$K(k+1)=P(k+1|k)H^T[HP(k+1|k)H^T+W]^{-1}$$

$$P(k+1|k)=P(k|k)$$

$$P(k+1|k+1)=P(k+1|k)-K(k+1)HP(k+1|k)$$

具有初始条件：$\hat{x}(0|0)=\hat{x}(0),P(0|0)=P(0)$。

2.3.2 以确定性等价原理为基础的极点配置控制器

根据确定性等价原理，由式（2-35）得：

$$A(q^{-1})y(k+1)=B(q^{-1})u(k+1) \tag{2-39}$$

引入如下线性控制器方程：

$$G(q^{-1})u(k)=-F(q^{-1})y(k)+H(q^{-1})r(k) \tag{2-40}$$

其中：$G(q^{-1})\in R^{n\times n},F(q^{-1})\in R^{n\times n},H(q^{-1})\in R^{n\times n}$均是待定的后移算子$q^{-1}$的矩阵多项式；$r(k)$是已知的时变有界的参考输入向量。

将（2-40）式代入（2-39）式，且满足如下伪互换性条件：

$$A(q^{-1})\bar{B}(q^{-1})=B(q^{-1})\bar{A}(q^{-1})$$

可得到系统的闭环方程为：

$$y(k+1)=\bar{B}(q^{-1})[G(q^{-1})\bar{A}(q^{-1})+F(q^{-1})\bar{B}(q^{-1})]^{-1}H(q^{-1})r(k+1) \tag{2-41}$$

设 $T^{*}(q^{-1}) \in R^{n\times n}$ 是事先给定的稳定多项式阵（即 $|\det T^{*}(q^{-1})|=0$ 的根位于单位圆外），且满足如下的 Diophantine 方程

$$T^{*}(q^{-1}) = G(q^{-1})\overline{A}(q^{-1}) + F(q^{-1})\overline{B}(q^{-1}) \tag{2-42}$$

取 $T^{*}(q^{-1}) = I_n + T_1^{*}q^{-1}$，用等式两边同次幂系数相等的方法解恒等式（2-42）可求得待定矩阵多项式 $F(q^{-1})$ 和 $G(q^{-1})$。同时，$F(q^{-1})$ 和 $G(q^{-1})$ 阶的选择必须使恒等式（2-42）右边的阶大于或等于左边的阶，这样恒等式（2-42）才可能有解。$H(q^{-1})$ 通常取为定常矩阵，即：$H(q^{-1}) = h_0 = T^{*}(1)\overline{B}^{-1}(1)$，这样，当系统达到稳态时（即 $q^{-1}\to 1$ 或 $k\to\infty$ 时），可消除稳态跟踪误差，即稳态时，$y(k)\to r(k)$。

当多变量控制系统（2-39）的参数未知时，要实现极点配置自适应控制，可采用间接自适应控制算法。其步骤如下：

步骤1：读取新的输出向量 $y(k)$ 和输入向量 $u(k)$。

步骤2：应用卡尔曼滤波器估计法，估计多项式矩阵 $A(q^{-1}), B(q^{-1})$ 中的未知参数 A_1, B_1。

步骤3：人为选定稳定的对角型多项式矩阵 $T^{*}(q^{-1})$，使之 $\det T^{*}(q^{-1})$ 的零点为符合工艺要求的闭环极点，然后应用式（2-42）求解 $F(q^{-1})$ 和 $G(q^{-1})$。

步骤4：按式（2-40）进行控制器 $u(k)$ 的设计。

步骤5：取 $k\to k+1$，返回步骤1。

2.3.3 对偶控制器的设计

由式（2-40）得到以确定等价原理为基础的极点配置控制器称为非对偶控制器，表示为 $u_N(k)$。如果以它作为标称输入，则与其对应的标称系统的输出有下面的形式：

$$y_N(k+1) = -\hat{A}_1 y(k) + \hat{B}_1 u_N(k) \tag{2-43}$$

其中：$\hat{A}_1$ 和 $\hat{B}_1$ 分别为 A_1 和 B_1 的估计值。

如果控制器使系统输出尽可能地接近于标称输出，控制性能将会得到提

高。根据两目标优化准则，下面两个指标泛函将被引入：

$$J_k^c = E\{(y_N(k+1) - y(k+1))^T(y_N(k+1) - y(k+1))|I^k\} \quad (2-44)$$

$$J_k^a = -E\{(y(k+1) - H(k)\hat{x}(k|k))^T(y(k+1) - H(k)\hat{x}(k|k)|I^k\} \quad (2-45)$$

两个指标泛函与对偶控制的两个目的相关：追踪系统输出；减小系统参数的不确定性，提高估计精度。对偶的自适应极点配置控制器（Adaptive Pole Placement Controller）将通过解式（2-44）和式（2-45）的两目标最优问题获得，即：

$$u(k) = \underset{u(k)\in\Omega_k}{\operatorname{argmin}} J_k^a \quad (2-46)$$

其中：

$$\Omega_k = [u_c(k) - \theta(k) \vdots u_c(k) + \theta(k)] \quad (2-47)$$

$$u_c(k) = \underset{u(k)}{\operatorname{argmin}} J_k^c \quad (2-48)$$

$$\theta(k) = f_k\{P(k)\} = \eta\{tr(P(k))\}, \eta \geq 0$$

其中：$P(k)$为参数估计误差的协方差矩阵；$u_c(k)$为使指标式（2-44）极小化的谨慎控制律，对偶控制律$u(k)$在以$u_c(k)$为中心Ω_k的内取值。

令：

$$v(k+1) = y(k+1) - \hat{y}(k+1|k) = y(k+1) - H(k)\hat{x}(k|k)$$

把上式代入到式（2-44），然后取期望，我们得到：

$$\begin{aligned} J_k^c &= E\{[y_N(k+1) - \hat{y}(k+1|k) - v(k+1)]^T[y_N(k+1) - \hat{y}(k+1|k) - v(k+1)]\} \\ &= E[v^T(k+1)v(k+1)] + [y_N(k+1) - \hat{y}(k+1|k)]^T[y_N(k+1) - \hat{y}(k+1|k)] \\ &= H(k)P(k+1)H^T(k) + W + [y_N(k+1) - H\hat{x}(k|k)]^T[y_N(k+1) - H\hat{x}(k|k)] \end{aligned} \quad (2-49)$$

对协方差矩阵$P(k)$进行分块，有：

$$P(k) = \operatorname{diag}(P_1(k), P_2(k), \cdots, P_n(k))$$

其中：$P_i(k) = \begin{bmatrix} P_{b_i}(k) & P_{a_ib_i}^T(k) \\ P_{a_ib_i}(k) & P_{a_i}(k) \end{bmatrix} (i = 1, 2\cdots, n)$。

由式（2-49）可得：

$$J_k^c = u^T(k)[(P_{b_1} + P_{b_2} + \cdots + P_{b_n}) + \hat{b}_1\hat{b}_1^T + \hat{b}_2\hat{b}_2^T + \cdots + \hat{b}_n\hat{b}_n^T]u(k) - 2u^T(k)[P_{a_1b_1} + P_{a_2b_2} + \cdots + P_{a_nb_n}) + \hat{b}_1\hat{a}_1^T + \hat{b}_2\hat{a}_2^T + \cdots + \hat{b}_n\hat{a}_n^T]y(k) - 2u^T(k)\hat{B}_1^T y_N(k) + y^T(k)(P_{a_1} + P_{a_2} + \cdots + P_{a_n})y(k) + (W_{e_1} + W_{e_2} + \cdots + W_{e_n}) + [y^T(k)\hat{A}_1^T - y_N(k)][y^T(k)\hat{A}_1^T - y_N(k)]^T$$

其中：$\hat{A}_1 = [\hat{a}_1, \hat{a}_2, \cdots, \hat{a}_n]^T$；$\hat{B}_1 = [\hat{b}_1, \hat{b}_2, \cdots, \hat{b}_n]^T$。

令：

$$\begin{aligned}\delta_1 &= (P_{b_1} + P_{b_2} + \cdots + P_{b_n}) + \hat{b}_1\hat{b}_1^T + \hat{b}_2\hat{b}_2^T + \cdots + \hat{b}_n\hat{b}_n^T \\ &= (P_{b_1} + P_{b_2} + \cdots + P_{b_n}) + \hat{B}_1^T\hat{B}_1 \\ \delta_2 &= P_{a_1b_1} + P_{a_2b_2} + \cdots + P_{a_nb_n}) + \hat{b}_1\hat{a}_1^T + \hat{b}_2\hat{a}_2^T + \cdots + \hat{b}_n\hat{a}_n^T \\ &= (P_{a_1b_1} + P_{a_2b_2} + \cdots + P_{a_nb_n}) + \hat{B}_1^T\hat{A}_1 \\ \delta_3 &= (P_{a_1} + P_{a_2} + \cdots + P_{a_n}) + \hat{a}_1\hat{a}_1^T + \hat{a}_2\hat{a}_2^T + \cdots + \hat{a}_n\hat{a}_n^T \\ &= (P_{a_1} + P_{a_2} + \cdots + P_{a_n}) + \hat{A}_1^T\hat{A}_1\end{aligned}$$

于是上式可简化成：

$$J_k^c = u^T(k)\delta_1 u(k) - 2u^T(k)\delta_2 y(k) - 2u^T(k)\hat{B}_1^T y_N(k) + y^T(k)\delta_3 y(k) + (W_{e_1} + W_{e_2} + \cdots + W_{e_n}) + y^T(k)\hat{A}_1^T y_N^T + y_N(k)\hat{A}_1 y(k) + y_N(k)y_N^T(k)$$

上式中，令$\dfrac{\partial J_k^c}{\partial u(k)} = 0$，而且，$y_N(k+1) = -\hat{A}_1 y(k) + \hat{B}_1 u_N(k)$，可以得到谨慎控制器：

$$u_c(k) = \delta_1^{-1}(\hat{B}_1^T\hat{B}_1 u_N(k) - (P_{a_1b_1}^T + P_{a_2b_2}^T + \cdots + P_{a_nb_n}^T)y(k)) \quad (2-50)$$

在 Ω_k 中，由式（2－46）的最小化可以得到对偶控制器：

$$\begin{aligned}u(k) &= u_c(k) + \theta(k)\,\mathrm{sign}\{J_k^a(u_c(k) - \theta(k)) - J_k^a(u_c(k) + \theta(k))\} \\ &= u_c(k) + u_a(k) \quad (2-51)\end{aligned}$$

这里 $u_a(k)$ 是对偶控制器的最优激励，且：

$$\text{sign}\{\tilde{\alpha}\}=\begin{cases}1, \tilde{\alpha}>0\\ -1, \tilde{\alpha}<0\end{cases}$$

同时，由式（2－45）可以求得：

$$\begin{aligned}J_k^a(u(k)) &= -E\{(y(k+1)-H(k)\hat{x}(k|k))(y(k+1)-H(k)\hat{x}(k|k))^T|I^k\}\\ &= -u^T(k)(P_{b_1}+P_{b_2}+\cdots+P_{b_n})u(k)+u^T(k)(P_{b_1a_1}^T+P_{b_2a_2}^T+\cdots+\\ &\quad P_{b_na_n}^T)y(k)+y^T(k)(P_{b_1a_1}+P_{b_2a_2}+\cdots+P_{b_na_n})u(k)+\bar{c}_1(k)\end{aligned} \tag{2-52}$$

这里 $\bar{c}_1(k)$不包含 $u(k)$。

对于式（2－51）的部分表达{·}，可以通过插入式（2－52）直接得到：

$$\begin{aligned}&J_k^a(u_c(k)-\theta(k))-J_k^a(u_c(k)+\theta(k))=2\theta^T(k)(P_{b_1}+P_{b_2}+\cdots+P_{b_n})u_c(k)+\\ &\quad 2u_c^T(P_{b_1}+P_{b_2}+\cdots+P_{b_n})\theta(k)-2\theta^T(k)(P_{b_1a_1}^T+P_{b_2a_2}^T+\cdots+P_{b_na_n}^T)y(k)-\\ &\quad 2y^T(k)(P_{b_1a_1}+P_{b_2a_2}+\cdots+P_{b_na_n})\theta(k)=c(k)\end{aligned} \tag{2-53}$$

通过式（2－51）的代换，最后给出对偶控制律：

$$u(k)=u_c(k)+\theta(k)\text{sign}\{c(k)\} \tag{2-54}$$

这样就得到了对偶自适应极点配置的控制器。导出的对偶自适应极点配置的控制器很容易从以确定性等价为基础的非对偶控制器中计算出来。对于实际的应用，对偶控制器的性能是很有吸引力的。

2.3.4 仿真示例

考虑如下非最小相位随机系统模型：

$$A(q^{-1})y(k+1)=B(q^{-1})u(k+1)+e(k+1)$$

其中：

$$y(k+1)=\begin{bmatrix}y_1(k+1)\\ y_2(k+1)\end{bmatrix};u(k+1)=\begin{bmatrix}u_1(k+1)\\ u_2(k+1)\end{bmatrix};$$

$$e(k+1)=\begin{bmatrix} e_1(k+1) \\ e_2(k+1) \end{bmatrix};\ A(q^{-1})=I_2+\begin{bmatrix} 0.1 & 0 \\ -0.4 & -0.7 \end{bmatrix}q^{-1};$$

$$B(q^{-1})=\begin{bmatrix} 1 & 0 \\ 0 & 1 \end{bmatrix}q^{-1};\ e(k+1)\sim N\left(0,\begin{bmatrix} 0.01 & 0 \\ 0 & 0.01 \end{bmatrix}\right)。$$

取稳定矩阵多项式 $T=I_2+T_1q^{-1}$，其中：$T_1=\begin{bmatrix} -0.5 & 0 \\ 0 & -0.5 \end{bmatrix}$，其特征值为 $\lambda_1=\lambda_2=2$，都在单位圆外。由伪互换性，易得：$\overline{A}(q^{-1})=A(q^{-1})$，$\overline{B}(q^{-1})=B(q^{-1})$。

由式（2－42）可得：$G(q^{-1})=I_2$，$F(q^{-1})=F_0=\begin{bmatrix} -0.6 & 0.4 \\ 0 & 0.2 \end{bmatrix}$。且有：

$$H(q^{-1})=h_0=\begin{bmatrix} 0.5 & 0 \\ 0 & 0.5 \end{bmatrix}$$

于是：

$$\begin{aligned} u_N(k) &= -G^{-1}(q^{-1})F(q^{-1})y(k)+G^{-1}(q^{-1})H(q^{-1})r(k) \\ &= -F_0y(k)+h_0r(k) \end{aligned}$$

其中：$r(k)$ 为周期为20，幅值为 ±1 的方波信号。

将 $u_N(k)$ 代入式（2－50），则：

$$u_c(k)=\delta_1^{-1}(\hat{B}_1^T\hat{B}_1u_N(k)-(P_{a_1b_1}^T+P_{a_2b_2}^T)y(k))$$

其中：$\delta_1=(P_{b_1}+P_{b_2})+\hat{B}_1^T\hat{B}_1$，且 $\hat{B}_1$ 为差分方程中矩阵 B_1 的参数估计值；$P_{b_i},P_{a_ib_i},i=1,2$ 为矩阵 A_1,B_1 参数估计的协方差阵中的对应项。取 $\theta(k)=tr(P(k))$，于是由式（2－54）可得极点配置对偶控制律。

图2－9所示为未知参数辨识结果，图2－10所示为由确定性等价原理得到的极点配置控制律和由本章算法得到的极点配置对偶控制律的比较；图2－11所示为图2－10中两种控制律对应的系统输出的比较。

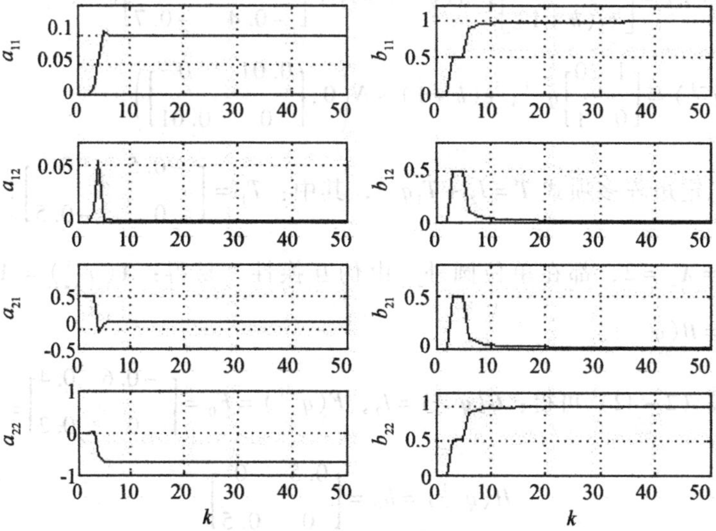

图 2-9　参数辨识结果

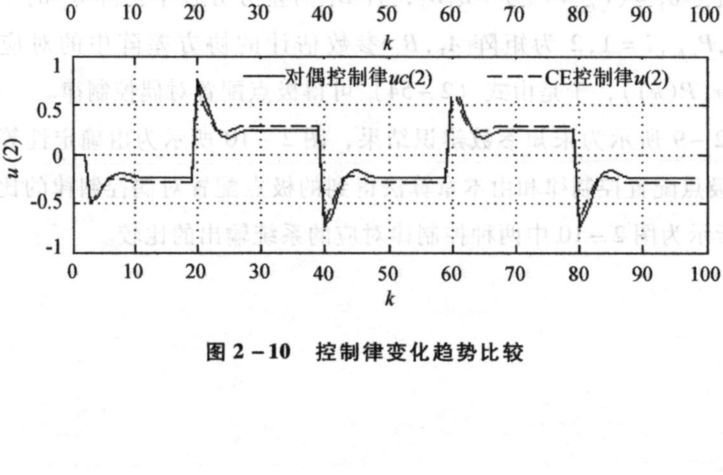

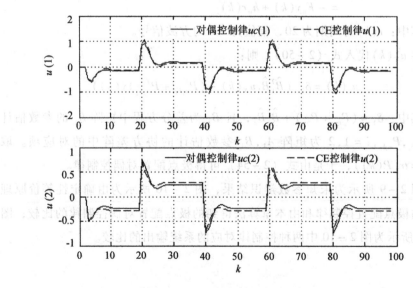

图 2-10　控制律变化趋势比较

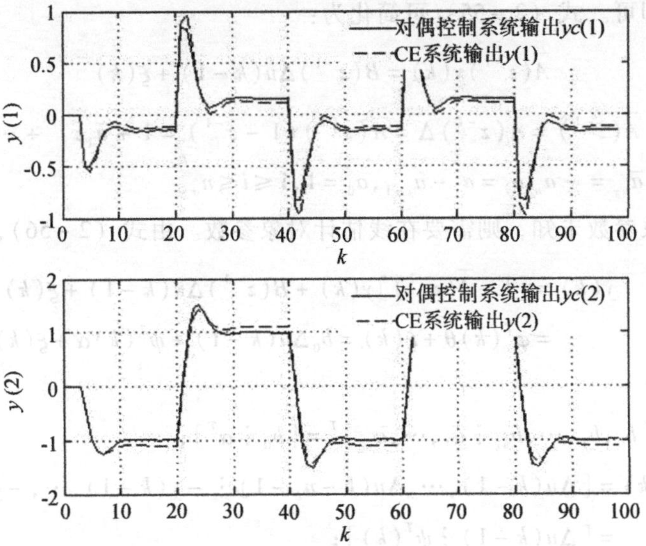

图2-11　系统输出变化趋势比较

2.4　基于广义预测控制的自适应对偶控制

本节主要研究包含时滞的参数未知随机系统，通过GPC原理得到CE控制序列，然后，利用双指标准则得到相应的自适应对偶控制序列，并且通过仿真实验验证算法的有效性。

2.4.1　问题的描述

考虑自回归滑动平均模型（CARIMA）如下：

$$A(z^{-1})y(k)=z^{-d}B(z^{-1})u(k)+\xi(k)/\Delta \qquad (2-55)$$

其中：$A(z^{-1})=1+a_1z^{-1}+a_2z^{-2}+\cdots+a_{n_a}z^{-n_a}$；$B(z^{-1})=b_0+b_1z^{-1}+b_2z^{-2}+\cdots+b_{n_b}z^{-n_b}$；$\Delta=1-z^{-1}$；$z^{-1}$为差分算子；$\xi(k)\sim N(0,\sigma_\xi^2)$。

假设系统的纯延时$d=1$。若$d>1$，只需令多项式$B(z^{-1})$中的前$d-1$项系数为零即可。式（2-55）可简化为：

$$\overline{A}(z^{-1})y(k)=B(z^{-1})\Delta u(k-1)+\xi(k) \tag{2-56}$$

其中：$\overline{A}(z^{-1})=A(z^{-1})\Delta=A(z^{-1})(1-z^{-1})=1+\overline{a}_1z^{-1}+\cdots+\overline{a}_{n_{\overline{a}}}z^{-n_{\overline{a}}}$，$n_{\overline{a}}=n_a+1,\overline{a}_{n_{\overline{a}}}=-a_{n_a}\overline{a}_i=a_i-a_{i-1},a_0=1,1\leqslant i\leqslant n_a$。

若对象参数未知，则需要在线估计对象参数。由式（2-56），可得：

$$\begin{aligned}y(k)&=[1-\overline{A}(z^{-1})]y(k)+B(z^{-1})\Delta u(k-1)+\xi(k)\\&=\varphi^T(k)\theta+\xi(k)=b_0\Delta u(k-1)+\psi^T(k)\alpha+\xi(k)\end{aligned} \tag{2-57}$$

其中：

$\theta=[b_0,b_1,\cdots,b_{n_b}\vdots\overline{a}_1,\cdots,\overline{a}_{n_{\overline{a}}}]^T=[b_0\vdots\alpha^T]$；

$$\begin{aligned}\varphi^T(k)&=[\Delta u(k-1),\cdots,\Delta u(k-n_b-1)\vdots-y(k-1),\cdots,-y(k-n_{\overline{a}})]\\&=[\Delta u(k-1)\vdots\psi^T(k)];\end{aligned}$$

$\Delta u(k)=u(k)-u(k-1)$。

采用带遗忘因子的递推最小二乘法（RLS）估计对象参数，即：

$$\begin{aligned}\hat{\theta}(k)&=\hat{\theta}(k-1)+K(k)[\Delta y(k)-\varphi^T(k)\hat{\theta}(k-1)]\\K(k)&=P(k-1)\varphi(k)[\lambda+\varphi^T(k)P(k-1)\varphi(k)]^{-1}\\P(k)&=\frac{1}{\lambda}[I-K(k)\varphi^T(k)]P(k-1)\end{aligned} \tag{2-58}$$

GPC通过某一性能指标的最优来确定未来的控制作用。常用的性能指标如下式所示：

$$J=E\{\sum_{j=N_1}^{N_2}[y(k+j)-y_r(k+j)]^2+\sum_{j=1}^{N_u}[\gamma_j\Delta u(k+j-1)]^2\} \tag{2-59}$$

其中：$y(k+j)$和$y_r(k+j)$为系统未来时刻$k+j$时的实际输出和期望输出；N_1为最小输出长度，N_2为最大输出长度，N_u为控制长度，γ_j为控制加权系数。

2.4.2 确定性等价控制

在进行GPC设计时，需要提前对系统输出量进行预测，根据所得的最优预测值计算所需的控制作用。在以下推导中，假设在性能指标（2－59）中，取 $N_1=1, N_2=N_u=N$。对于被控对象（2－56），将$(k+j)$时刻的输出预测误差记为：

$$\tilde{e}(k+j|k)=y(k+j)-\hat{y}(k+j|k),\ j\geqslant 1$$

则使预测误差的方差：

$$J=E\{\tilde{e}^2(k+j|j)\} \tag{2-60}$$

最小的 j 步最优预测 $y^*(k+j|k)$ 由下列差分方程给出：

$$y^*(k+j|k)=G_j(z^{-1})y(k)+F_j(z^{-1})\Delta u(k+j-1) \tag{2-61}$$

其中：$F_j(z^{-1})$和 $G_j(z^{-1})$满足如下 Diophantine 方程：

$$\begin{cases}\overline{A}(z^{-1})E_j(z^{-1})+z^{-j}G_j(z^{-1})=1\\ F_j(z^{-1})=B(z^{-1})E_j(z^{-1})\end{cases} \tag{2-62}$$

且：

$E_j(z^{-1})=1+e_{j,1}z^{-1}+\cdots+e_{j,n_{ej}}z^{-n_{ej}}$，$F_j(z^{-1})=f_{j,0}+f_{j,1}z^{-1}+\cdots+f_{j,n_{fj}}z^{-n_{fj}}$，

$G_j(z^{-1})=g_{j,0}+g_{j,1}z^{-1}+\cdots+g_{j,n_{gj}}z^{-ngj}$，$\deg E_j=j-1, \deg F_j=n_b+j-1$，

$\deg G_j=n_{\bar{a}}-1=n_a$。

由式（2－66）和式（2－62）可得时刻 k 后 j 步的预测方程为：

$$y(k+j)=F_j\Delta u(k+j-1)+G_jy(k)+E_j\xi(k+j) \tag{2-63}$$

对于未来输出值的预测，可忽略未来噪声的影响，写成矩阵形式：

$$Y=\overline{F}_1\Delta U+\overline{F}_2\Delta U(k-j)+\overline{G}Y(k)=\overline{F}_1\Delta U+Y_1 \tag{2-64}$$

其中：$Y=[y(k+1),\cdots,y(k+N)]^T, \Delta U=[\Delta u(k),\cdots,\Delta u(k+N-1)]^T$，

$\Delta U(k-j)=[\Delta u(k-1),\Delta u(k-2)\cdots,\Delta u(k-n_b)]^T$，

$Y(k)=[y(k),y(k-1)\cdots,y(k-n_a)]^T, Y_1=\overline{F}_2\Delta U(k-j)+\overline{G}Y(k)$，

$$\overline{F}_1=\begin{bmatrix} f_{1,0} & 0 & \cdots & 0\\ f_{2,1} & f_{2,0} & \cdots & 0\\ \vdots & \vdots & \vdots & \vdots\\ f_{N,N-1} & f_{N,N-2} & \cdots & f_{N,0}\end{bmatrix}_{N\times N},\quad \overline{F}_2=\begin{bmatrix} f_{1,1} & f_{1,2} & \cdots & f_{1,n_b}\\ f_{2,2} & f_{2,3} & \cdots & f_{2,n_b+1}\\ \vdots & \vdots & \vdots & \vdots\\ f_{N,N} & f_{N,N+1} & \cdots & f_{N,n_b+N-1}\end{bmatrix}_{N\times n_b},$$

$$\overline{G}=\begin{bmatrix} g_{1,0} & g_{1,1} & \cdots & g_{1,n_a} \\ g_{2,0} & g_{2,1} & \cdots & g_{2,n_a} \\ \vdots & \vdots & \vdots & \vdots \\ g_{N,0} & g_{N,1} & \cdots & g_{N,n_a} \end{bmatrix}_{N\times(n_a+1)}$$ 。

其中：$Y_1=\overline{F}_2\Delta U(k-j)+\overline{G}Y(k)$均可由 k 时刻的已知信息$\{y(\tau),\tau\leqslant k\}$及$\{u(\tau),\tau<k\}$计算。

性能指标（2－59）可写成矩阵形式：

$$J=(Y-Y_r)^T(Y-Y_r)+\Delta U^T\Gamma\Delta U \tag{2-65}$$

其中：Y 与式（2－64）相同；$Y_r=[y_r(k+1),\cdots,y_r(k+N)]^T$；$\Gamma=\mathrm{diag}(\gamma_1,\gamma_2,\cdots,\gamma_N)$。

由$\frac{\partial J}{\partial\Delta U}=0$，可得 GPC 控制增量向量为：

$$\Delta U(k)=(\overline{F}_1^T\overline{F}_1+\Gamma)^{-1}\overline{F}_1^T(Y_r-Y_1) \tag{2-66}$$

实时控制时，每次将第一个控制量加入系统，即：

$$\Delta u_{ce}(k)=\Delta u(k)=\overline{f}^T(Y_r-Y_1) \tag{2-67}$$

其中：$\overline{f}^T=[1,0,\cdots,0](\overline{F}_1^T\overline{F}_1+\Gamma)^{-1}\overline{F}_1^T$。

2.4.3 GPC 的对偶修正

由式（2－67）得到的控制序列 $\Delta u_{ce}(k)$称为非对偶控制序列。其对应的输出有下面的形式：

$$y_N(k+1)=\varphi^T(k+1)\hat{\theta}=\hat{b}_0\Delta u_{ce}(k)+\psi^T(k+1)\hat{\alpha} \tag{2-68}$$

其中：$\hat{b}_0$ 和 $\hat{\alpha}$ 分别为 b_0 和 α 的估计值。

如果控制器使系统输出尽可能接近 $y_N(k+1)$，控制性能将会得到提高。对偶的 GPC 控制序列将会通过以下双指标准则的最优化得到。双指标的泛函表达如下：

$$J_k^c=E\{[y_N(k+1)-y(k+1)]^2+\lambda\Delta u^2(k)|I_k\} \tag{2-69}$$

$$J_k^a = -E\{[y(k+1)-\hat{y}(k+1)]^2\} \tag{2-70}$$

将式（2－57）及式（2－68）代入式（2－69），得：

$$J_k^c[\Delta u(k)] = \hat{b}_0^2\Delta u_{ce}^2(k) + [\hat{b}_0^2 + P_{b_0} + \lambda]\Delta u^2(k) - 2\hat{b}_0^2\Delta u_{ce}(k)\Delta u(k) + 2P_{b_0\alpha}^T(k)\psi(k)\Delta u(k) + \sigma_\xi^2 + \bar{c}_0(k)$$

其中：$\bar{c}_0(k)$不包含$\Delta u(k)$。

令$\dfrac{\partial J_k^c}{\partial \Delta u(k)}=0$，可得：

$$-2\hat{b}_0^2\Delta u_{ce}(k) + 2[\hat{b}_0^2 + P_{b_0} + \lambda]\Delta u(k) + 2P_{b_0\alpha}^T\psi(k) = 0$$

可得到谨慎控制序列为：

$$\Delta u_c(k) = \frac{\hat{b}_0^2\Delta u_{ce}(k) - P_{b_0\alpha}^T\psi(k)}{\hat{b}_0^2 + P_{b_0} + \lambda} \tag{2-71}$$

对偶控制序列可由下式优化得到：

$$\Delta u(k) = \underset{\Delta u\in\Omega_k}{\operatorname{argmin}} J_k^a \tag{2-72}$$

其中：$\Omega_k = [\Delta u_c(k)-\beta;\Delta u_c(k)+\beta]$，$\beta = \eta\operatorname{tr}\{P(k)\},\eta>0$。

其中：$\bar{c}_1(k)$不包含$\Delta u(k)$。在Ω_k中，由式（2－72）的最小化可得到对偶控制序列：

$$\Delta u(k) = \Delta u_c(k) + \beta(k)\operatorname{sign}\{J_k^a(\Delta u_c-\beta) - J_k^a(\Delta u_c+\beta)\}$$

其中：$\operatorname{sign}\{\varpi\} = \begin{cases}1,\varpi>0\\-1,\varpi<0\end{cases}$。

而且：

$$J_k^a(\Delta u_c(k)-\beta) - J_k^a(\Delta u_c(k)+\beta) = 4\beta P_{b_0}(k)\Delta u_c(k) + 4\beta P_{b_0\alpha}^T\psi(k) = \bar{c}$$

最后得出对偶控制序列：

$$\Delta u(k) = \Delta u_c(k) + \beta(k)\operatorname{sign}\{\bar{c}\}$$

进而有：

$$u_{dual}(k) = u(k-1) + \Delta u_c(k) + \beta(k)\operatorname{sign}\{\bar{c}\} \tag{2-73}$$

2.4.4 仿真示例

设被控对象为如下包含时滞的开环不稳定非最小相位系统：

$$G(s)=\frac{1}{s(s+1)}e^{-s}$$

采用零阶保持器，并取采样周期 $T=0.5s$，对上述连续系统离散化，得：

$$G(z^{-1})=\frac{z^{-d}B(z^{-1})}{A(z^{-1})}$$

其中：$A(z^{-1})=1-1.6065z^{-1}+0.6065z^{-2}$，$B(z^{-1})=0.1065+0.0902z^{-1}$，$d=3$；给系统加上白噪声 $\xi(k)$，其方差为0.5。

系统初始值：$\theta=[b_0,b_1,a_1,a_2]=[0.01,0.01,0.01,0.01]$。当被控参数未知时，利用递推最小二乘法在线实时估计对象参数。取初值 $P(0)=100$，$\hat{\theta}(0)=0.01$，遗忘因子 $\lambda=1$；控制其参数 $N_1=d=1$，$N_2=8$，$N_u=2$，控制加权阵 Γ 为单位阵 $I_{2\times2}$，输出柔化系数 $\alpha=0.7$；期望输出 $w(k)$ 为幅值为10的方波信号。

采用双指标计算对偶控制律，其中：$\beta=0.5tr\{P(k)\}$。

图2-12所示为系统参数辨识结果，图2-13所示为对偶控制序列及输出序列。

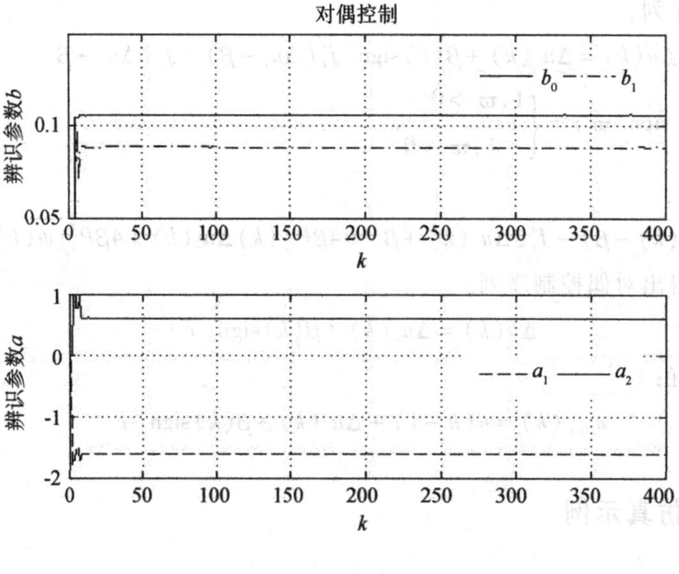

图2-12　系统参数辨识结果

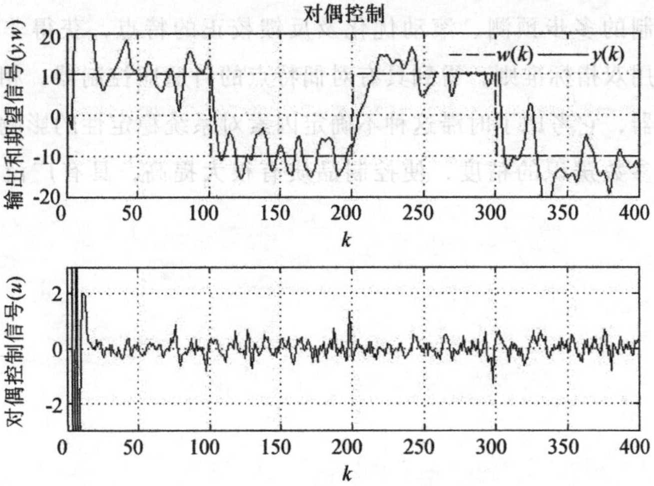

图2-13 对偶控制序列及输出序列

2.5 本章小结

本章从一个简单例子介绍了对偶控制的基本概念；讨论了基于双指标准则的单变量随机系统对偶自适应控制，针对一个具有时变参数的对象，对其进行了参数辨识仿真研究；研究了基于双指标的多变量极点配置对偶自适应控制。两个指标泛函 J_k^c 和 J_k^a 与对偶控制的两个目的相关：使系统输出达到期望的输出值；对系统进行探测，减小系统参数的不确定性，提高估计精度。对于多变量自适应系统，根据给定的满足一定的极点要求的稳定的多项式，利用确定性等价原理对原系统进行极点配置，得到一个非对偶控制器，以此作为标称输入，其对应的输出为标称输出。以此标称输出作为理想的输出，使原系统的输出对其进行跟踪，达到系统的调节（或控制）作用。对于参数未知的多变量系统采用递推 *Kalman* 滤波器对其进行辨识。并且用本章的方法做了仿真，证明了设计的自适应对偶控制器具有调节作用。

最后，对于包含时滞的参数未知随机系统，根据确定性等价原理，利用广义预测控制的多步预测、滚动优化及反馈校正的特点，获得非对偶控制器，进而利用双指标准则，得到具有对偶特点的自适应控制器。相对传统的自适应控制器，它考虑了时滞这种不确定因素对系统稳定性的影响，并且能更好地提高参数辨识的精度，使控制品质有很大提高，具有广泛的工程实用性。

第3章

基于最大互信息准则的对偶控制

对于具有不确定性参数的随机系统，多数自适应控制器的设计都是基于确定性等价原理，即在控制器设计时，把辨识出来的参数估计值视为系统参数的真实值而不考虑参数估计的精度，利用该方法所获得的控制策略一般不是最优的，且不能消除系统参数辨识的不确定性。对偶自适应控制器的研究所用的数学工具为动态规划（DP）。受不断递推的最小化和有关条件均值高阶矩计算量的限制，动态规划方程实际上是不可解的。因此，这类问题的研究一直是摆在科学研究者面前的一个挑战性课题。Hijab（1984）将 Shannon 信息熵（Information Entropy）的概念引入随机最优控制，针对具有不完全观测信息的情况，设计了一类作为线性二次调节器的进一步推广的自适应调节器。Saridis（1988）研究了系统模型为连续时间非线性状态方程，在给定性能指标最小化时，系统的控制作用具有不确定性的问题，即将控制作用看作一个随机变量，在允许控制集合上按 Jaynes 的最大熵准则确定其概率密度，使最优控制问题等价于控制作用熵函数的最小化问题。Ywetirig 等（1992）将 Saridis 的研究推广到离散时间非线性状态方程，提出了寻求确定性等价控制律和自适应控制律的方法。本章根据信息论的观点，将最大互信息熵作为新的性能指标，通过两级算法得到次优对偶控制律。

3.1 预备知识

信息论是应用近代概率统计方法研究信息传输、交换、存储和处理的一门学科。

3.1.1 信息

R. A. Fisher（1925）首先给出“信息”的定义，它是从古典统计理论的角度定义的一种信息量。Fisher 信息量在估计理论中具有重要价值，并且在各种信号处理中获得了应用。后来，信息论创始人 Shannon 在其 1948 年发表的信息论奠基性论文《通信的数学理论》中提出了两个重要的概念：熵（Entropy）和互信息（Mutual Information）。利用这两个概念，Shannon 对通信系统进行理论分析，取得了通信技术史上划时代的重要成果。

Shannon 将信息定义为“用来消除不确定性的东西”。用概率的某种函数来描述不确定性是很合适的，所以 Shannon 用 $I(A) = -\log P(A)$ 来度量事件 A 发生时所提供的信息量，$P(A)$ 则是发生事件 A 的概率。这个定义与人们的直觉经验相吻合。如果一个随机现象有 N 个可能结果，若它们出现的概率分别为 $p_1, p_2, \cdots, p_N$，则这些事件的平均信息量为：

$$H = -\sum_{i=1}^{N} p_i \log p_i$$

Shannon 将所得数值称为熵 H，与热力学上的熵在形式上是相似的（在热力学统计中，波尔兹曼公式 $S = K\ln\Omega$ 指出熵是无序的度量），只是这里代表了一个平均值。

（1）如果 $p_i = 0$，意味着事件没有发生，谈不上有什么信息可言，因此规定：$0\log 0 = 0$。

（2）当概率 $P(A) = 1$ 时，信息量 $I(A) = 0$。$P(A) = 1$ 表明是必然事件，

而必然事件是没有不确定性的，因而信息量 $I(A)$ 为零。

(3) 信息量 $I(A)$ 是事件 A 发生概率 $P(A)$ 的单调递减函数，A 发生概率 $P(A)$ 增加，信息量减少。

(4) 用对数表示信息量，表明信息具有可加性。例如，对于两个独立出现的事件 A_1 和 A_2。A_1 和 A_2 同时出现的信息量：$I(A_1,A_2) = -\log P(A_1A_2) = (-\log P(A_1)) + (-\log P(A_2))$，表明 A_1 和 A_2 同时出现的总信息量是事件 A_1 和 A_2 各自信息量之和。这也和直观看法相同。

3.1.2 熵理论

在自适应控制中，系统的数学模型常表示成离散形式的差分方程模型，所以下面的内容也就是从离散随机变量引入熵的概念。熵是随机变量不确定性的度量，也是信息的度量。一个系统有序程度越高，则熵就越小，所含的信息量就越小。当离散随机变量可能的取值等概率分布时，其熵达到最大值。

设一个在离散样本空间 Ω 中取值的随机变量 X 描述一个随机试验，Ω 具有有限个样本，$\Omega = \{x_1, x_2, \cdots, x_n\}$。$X$ 的概率分布为 $(p_1, p_2, \cdots, p_n)$：

$$P(X = x_i) = p_i (i = 1, 2, \cdots, n)$$

另设在离散样本空间 Ξ 中取值的随机变量 Y 的概率分布为 $(q_1, q_2, \cdots, q_m)$：

$$P(Y = y_j) = q_j (j = 1, 2, \cdots, m)$$

X 和 Y 的联合概率分布为：

$$r_{ij} = P(X = x_i, Y = y_j) (i = 1, 2, \cdots, n,\ j = 1, 2, \cdots, m)$$

定义 1：离散随机变量 X 的熵，或概率分布 $(p_1, p_2, \cdots, p_n)$ 的熵定义为：

$$H(X) = H(p_1, p_2, \cdots, p_n) = -E\{\log p_i\} = -\sum_{i=1}^{n} p_i \log p_i$$

其中：$E\{\cdot\}$ 表示取数学期望。X 和 Y 的联合熵定义为：

$$H(X, Y) = -E_r\{\log r_{ij}\} = -\sum_{i,j} r_{ij} \log r_{ij}$$

给定 Y 的情况下 X 的条件熵定义为：

$$H(X\mid Y)=-E_r\{\log\frac{r_{ij}}{q_j}\}=-\sum_{i,j}r_{ij}\log\frac{r_{ij}}{q_j}$$

定理1：离散随机变量熵的性质。

设 X 具有概率分布 $(p_1,p_2,\cdots,p_n)$，$H(X)\geqslant 0$，当且仅当对某些 i，$p_i=1$ 而 $p_j=0$，$j\neq i$ 时，等号成立。

$H(p_1,p_2,\cdots,p_n)\leqslant \log n$，当且仅当 $p_1=p_2=\cdots=p_n=\dfrac{1}{n}$ 时，等号成立。

$H(X|Y)\leqslant H(X),H(X,Y)=H(X)+H(Y|X)\leqslant H(X)+H(Y)$，当且仅当 X 和 Y 相互独立时，等式成立。

(1) $H(X)$ 是 $(p_1,p_2,\cdots,p_n)$ 的连续函数。

(2) 熵是对称的：

$$H(p_1,p_2,\cdots,p_n)=H(p_{\sigma(1)},p_{\sigma(2)},\cdots,p_{\sigma(n)})$$

其中：$\sigma_{(i)},i=1,2,\cdots,n$ 表示对 $(1,2,\cdots,n)$ 的任意重新排列。

(3) 设 $\{(q_{1|i},q_{2|i},\cdots,q_{m|i});i=1,\cdots,n\}$ 为一个概率分布的集合，则：

$$H(p_1q_{1|1},\cdots,p_1q_{m|1},\cdots,p_nq_{1|n},\cdots,p_nq_{m|n})=H(p_1,p_2,\cdots,p_n)+\sum_{i=1}^{n}p_iH(q_{1|i},\cdots,q_{m|i})$$

(4) 设 $(q_1,q_2,\cdots,q_n)$ 为任意的概率分布，则：

$$H(p_1,p_2,\cdots,p_n)\leqslant -\sum_{i=1}^{n}p_i\log q_i$$

当且仅当对所有 $i=1,2,\cdots,n$，$p_i=q_i$ 时，等号成立。

(5) 设 $X_1,X_2,\cdots,X_l$ 为具有离散概率分布的随机变量，则：

$$H(X_1,X_2,\cdots,X_l)=\sum_{i=1}^{l}H(X_i\mid X_{i-1},\cdots,X_1)$$

上式称为熵的链式运算规则。

3.1.3 互信息

离散随机变量 X 和 Y 的定义同上。有如下定义：

定义2：离散随机变量 X 和 Y 的互信息定义为：

$$I(X;Y)=I(p;q)=E_r\{\log\frac{r_{ij}}{p_iq_j}\}=\sum_{i,j}r_{ij}\log\frac{r_{ij}}{p_iq_j}(i=1,2,\cdots,n;j=1,2,\cdots,m)$$

其中：$E_r\{\cdot\}$表示关于r_{ij}取数学期望。

互信息描述了两个随机变量相互包含的信息量。当 X 为传输通道输入端的信号，而 Y 为输出端信号时，$I(X;Y)$反映了信息传输情况。在信道中最大互信息，就是信道容量；最小互信息就是信息率失真函数。

定理 2：互信息的性质。

（1）互信息满足对称性：

$$I(X;Y)=I(Y;X)$$

（2）另设随机变量 Z，有：$I(X;Y)\geqslant 0$，当且仅当 X 和 Y 相互独立时，等号成立；$I(X;Y|Z)\geqslant 0$，当且仅当已知 Z 的情况下，X 和 Y 相互独立时，等号成立，此时 X,Z,Y 构成 Markov 链。

（3）互信息与熵的关系。

$$I(X;Y)=H(X)-H(X|Y)$$

$$I(X;Y|Z)=H(X|Z)-H(X|Y,Z)$$

（4）链式规则。

设 $X_1,X_2,\cdots,X_l$ 为具有离散概率分布的随机变量，则：

$$I(X_1,X_2,\cdots,X_l;Y)=\sum_{i=1}^{l}I(X_i;Y\mid X_{i-1},\cdots,X_1)$$

3.1.4 Kullback－Leibler 信息距离

Kullback 和 Leibler 进一步丰富了 Shannon 信息测度，提出了信息距离的概念。

离散随机变量 X 相对于 Y 的定义同上。有如下定义：

定义 3：离散随机变量 X 相对于 Y 的 Kullback－Leibler 信息距离定义为：

$$KL(X\parallel Y)=KL(p\parallel q)=E_p\{\ln\frac{p_i}{q_j}\}$$

$$=\sum_{i,j}p_i\ln\frac{p_i}{q_j}(i=1,2,\cdots,n;j=1,2,\cdots,m)$$

其中：E_p 表示关于 p_i 取数学期望。

Kullback - Leibler 信息描述了两个随机变量概率分布意义上的距离。Kullback - Leibler 信息又称作交叉熵（cross - entropy）。

定理 3：Kullback - Leibler 信息距离的性质：

（1）Kullback - Leibler 信息距离是非负的：$KL(p \parallel q) \geqslant 0$，当且仅当 $p_i = q_j, i = 1,2,\cdots,n;\ j = 1,2,\cdots,m$ 时，等号成立。

（2）设离散随机变量 X 和 Y 的联合概率分布为 r_{ij}。则：

$$KL(r_{ij}; p_i q_j) = I(X;Y)$$

（3）Kullback - Leibler 信息不满足对称性：

$$KL(X \parallel Y) \neq KL(Y \parallel X)$$

（4）Kullback - Leibler 信息不满足三角不等式。另设随机变量 Z，$KL(X \parallel Y) + KL(X \parallel Z) \geqslant KL(X \parallel Z)$ 不成立。

3.2 问题的描述

考虑下面的单输入单输出随机系统：

$$y(k) - a_1(k)y(k-1) - \cdots - a_n(k)y(k-n) = b_1(k)u(k-1) + \cdots + b_m(k)u(k-m) + e(k) \qquad (3-1)$$

其中：$y(k) \in R$ 和 $u(k) \in R$ 分别是系统在 k 时刻的输出和输入；$a_i(k)$ $(i=1,\cdots,n)$，$b_j(j=1,\cdots,m)$ 是系统未知参数；随机序列 $e(k)$ 假设为高斯白噪声序列，即 $e(k) \sim N(0,\sigma_e^2)$；$n$ 与 m 为系统的输出与输入阶次。

假定系统的参数：

$$x(k) = [b_1, b_2, \cdots, b_m, a_1, a_2, \cdots, a_n]^T = [b_1, \alpha^T]^T$$

$$\varphi(k) = [u(k-1), \cdots, u(k-m), y(k-1), \cdots, y(k-n)]^T = [u(k-1), \psi^T(k)]^T$$

则式（3 - 1）表示的 SISO 随机系统可写成如下的形式：

$$y(k) = \varphi^T(k)x(k) + e(k) \qquad (3-2)$$

假定初始信息集为 $I^0 = [u(-1), \cdots, u(-m+1), y(0), \cdots, y(-n+1)]$，则在 k 时刻信息集可表示为：

$$I^k=[u(k-1),\cdots,u(0),y(k),\cdots,y(1),I^0](k=0,1,\cdots N-1) \quad (3-3)$$

对于如下二次型性能指标：

$$J=E\{\sum_{k=0}^{N-1}[y(k+1)-y_r(k+1)]^2|I^k\} \quad (3-4)$$

其中：$y_r(k+1)$为$k+1$时刻的理想输出。

对偶控制的目标是寻求控制策略$u(k)=f_k(I^k)$，使式（3-4）的性能指标最小。其中：$u(k)$是信息集I^k的函数，它取决于过去的输入和输出信息。

对于性能指标（3-4），由于参数不确定的影响，使用动态规划原理求最优控制律并不能得到其解析解，即使最简单的情况。随着求解过程的进行，导致所谓的“维数灾”。从随机次优控制的角度出发，人们试图寻找新的性能指标以便得到次优对偶控制律。将上述N步性能指标简化成N个一步性能指标，即

$$J(k)=E\{[y(k+1)-y_r(k+1)]^2|I^k\}(k=0,1,\cdots,N-1)$$

这种控制称为最小方差控制。

根据信息论的观点，信息在信道中传输损失应尽可能小，这与最小方差控制的目标极为相似。信息在信道中传输时，将理想输出$y_r(k)$作为信源，将随机系统（3-1）输出$y(k)$作为信宿，$y(k+1)$与$y_r(k+1)$越接近，信息的损失越小；从最小方差控制的角度看，系统的方差达到最小时，即可实现系统的实际输出跟踪理想输出。Shannon互信息概念，刻画了信道中信源和信宿互相包含的程度。

如果将互信息作为新的性能指标

$$J(k)=I(y_r(k+1);y(k+1)|I^k)(k=0,1,\cdots,N-1) \quad (3-5)$$

其中：$I(\cdot|\cdot)$表示条件互信息。寻找控制律$u(k)=f_k(I^k)(k=0,1,\cdots,N-1)$，使式（3-5）的性能指标达到最大，表示$y(k+1)$与$y_r(k+1)$最接近，信道容量达到最大。

由信息论知识知，互信息与信息熵存在如下关系：

$$I(y_r(k+1);y(k+1)|I^k)=H(y(k+1)|I^k)-H(y(k+1)|y_r(k+1),I^k) \quad (3-6)$$

令：

$$\varepsilon(k+1)=y(k+1)-\hat{y}(k+1|k)$$

其中：$\varepsilon(k+1)$为与$y(k+1)$独立同分布的高斯白噪声；$\hat{y}(k+1|k)$为$y(k+1)$的估计值。由概率论知识可知：

$$
\begin{aligned}
p(y(k+1)\,|\,I^k) &= p(\hat{y}(k+1|k)+\varepsilon(k+1)\,|\,I^k) \\
&= p(\varepsilon(k+1)\,|\,I^k) = p(y(k+1)-\hat{y}(k+1|k)\,|\,I^k)
\end{aligned}
$$

根据熵的定义，我们有：

$$
\begin{aligned}
H(y(k+1)\,|\,I^k) &= -\sum_{y(k+1)} p(y(k+1)\,|\,I^k)\ln p(y(k+1)\,|\,I^k) \\
&= -\sum_{y(k+1)} p(y(k+1)-\hat{y}(k+1|k)\,|\,I^k)\ln p(y(k+1)- \\
&\quad \hat{y}(k+1|k)\,|\,I^k) \\
&= H(y(k+1)-\hat{y}(k+1|k)\,|\,I^k)
\end{aligned}
$$

令：

$$
y(k+1) = y_r(k+1)+\zeta
$$

其中：ζ为与$y(k+1)$独立同分布的高斯白噪声。由概率论知识可知：

$$
\begin{aligned}
p(y(k+1)\,|\,y_r(k+1),I^k) &= p(y_r(k+1)+\zeta\,|\,y_r(k+1),I^k) \\
&= p(\zeta\,|\,I^k) = p(y(k+1)-y_r(k+1)\,|\,I^k)
\end{aligned}
$$

于是：

$$
\begin{aligned}
&H(y(k+1)\,|\,y_r(k+1),I^k) \\
&= -\sum_{y(k+1)} p(y(k+1)\,|\,y_r(k+1),I^k)\ln p(y(k+1)\,|\,y_r(k+1),I^k) \\
&= -\sum_{y(k+1)} p(y(k+1)-y_r(k+1)\,|\,I^k)\ln p(y(k+1)-y_r(k+1)\,|\,I^k) \\
&= H(y(k+1)-y_r(k+1)\,|\,I^k)
\end{aligned}
$$

由于$y(k+1)$为高斯随机序列，根据高斯随机序列熵的性质，于是：

$$
H(y(k+1)-\hat{y}(k+1|k)) = H(\varepsilon(k+1)) = \frac{1}{2}\ln 2\pi e + \frac{1}{2}\ln E\{\varepsilon^2(k+1)\}
$$

$$
H(y_r(k+1)-y(k+1)|I^k) = \frac{1}{2}\ln 2\pi e + \frac{1}{2}\ln E\,[y_r(k+1)-y(k+1)|I^k]^2
$$

其中：$\hat{y}(k+1|k)$为$y(k+1)$的估计值。

对式（3-6）求极大值等价于对下式求极小值

$$
\begin{aligned}
J_1(k) &= \ln E[y_r(k+1) - y(k+1)|I^k]^2 - \ln E\{\varepsilon^2(k+1)\} \\
&= \ln J_2(k) - \ln J_3(k) \\
&= \ln \frac{J_2(k)}{J_3(k)} \\
&= \ln \bar{J}_1(k)
\end{aligned} \tag{3-7}
$$

其中：$J_2 = E[y_r(k+1) - y(k+1)|I^k]^2$；$J_3(k) = \sigma_\varepsilon^2(k+1) = E\{\varepsilon^2(k+1)\}$。

为寻求次优对偶控制律，考虑如下问题（NOP）：

$$
(\text{NOP}) \qquad \min J_1(k) \Leftrightarrow \min \bar{J}_1(k) = \frac{J_2(k)}{J_3(k)} \tag{3-8}
$$

构造如下多目标优化问题（MOP）

$$
(\text{MOP}) \qquad \min_{u(k)} [J_2(k), -J_3(k)]^T \tag{3-9}
$$

定义4：假设 $\hat{u}(k)$ 是问题MOP的可行解。如果不存在可行解 $u(k)$，使：

$$
J_2(u(k)) \leqslant J_2(\hat{u}(k)),\ J_3(u(k)) \geqslant J_3(\hat{u}(k))
$$

其中至少有一个不等式严格成立，那么，$\hat{u}(k)$ 称作问题（MOP）的非劣解。

3.3 Kalman滤波器辨识未知参数

假设系统参数未知但不变，即：

$$
x(k+1) = x(k) \tag{3-10}
$$

状态变量的初值假设为 $\hat{x}(0)$，估计误差协方差阵为 $P(0)$。

对于未知参数 $x(k)$ 的辨识，可根据Kalman滤波器获得：

$$
\begin{aligned}
&\hat{x}(k+1|k+1) = \hat{x}(k|k) + K(k+1)[y(k+1) - \varphi^T(k)\hat{x}(k|k)] \\
&K(k+1) = P(k+1|k)\varphi(k)[\varphi^T(k)P(k+1|k)\varphi(k) + \sigma_e^2]^{-1} \\
&P(k+1|k) = P(k|k) \\
&P(k+1|k+1) = P(k+1|k) - K(k+1)\varphi^T(k)P(k+1|k)
\end{aligned}
$$

初始条件：$\hat{x}(0|0) = \hat{x}(0), P(0|0) = P(0)$

3.4 基于最大互信息（MMI）准则的对偶控制

定理4：问题（NOP）的最优解在问题（MOP）的非劣解集中。

证明：用反证法。设$\{u^*(k)\}$是问题（NOP）的解，但不是问题（MOP）的非劣解。那么，存在问题（MOP）的可行解$\{\hat{u}(k)\}$，使：

$$\hat{J}_2(k) \leqslant J_2^*(k),\ \hat{J}_3(k) \geqslant J_3^*(k)$$

其中：$\hat{J}_2(k) = J_2(k)|_{\hat{u}(k)}$，$\hat{J}_3(k) = J_3(k)|_{\hat{u}(k)}$，$J_2^*(k) = J_2(k)|_{u^*(k)}$，$J_3^*(k) = J_3(k)|_{u^*(k)}$，且至少有一个不等式严格成立。由于在任何情况下，$\hat{J}_3(k) > 0$。

故：

$$\frac{1}{\hat{J}_3(k)} \leqslant \frac{1}{J_3^*(k)}$$

于是：

$$\bar{J}_1(k)|_{\{\hat{u}(k)\}} < \bar{J}_1(k)|_{\{u^*(k)\}}$$

这和$\{u^*(k)\}$的最优性矛盾。因此，问题（NOP）的最优解$\{u^*(k)\}$在问题（MOP）的非劣解集中。

问题（MOP）的每一个非劣解可以用下面的Lagrange问题产生：

$$\min_{u(k)}[\xi(k)J_2(k) + \lambda(k)J_3(k)] \tag{3-11}$$

定义：

$$J_{\xi\lambda}(k) = \xi(k)J_2(k) + \lambda(k)J_3(k) \tag{3-12}$$

令$\mu(k) = \dfrac{\lambda(k)}{\xi(k)}$，$J_\mu = J_2(k) + \mu(k)J_3(k)$，于是$J_{\xi\lambda} = \xi(k)J_\mu(k)$。

其中：

$$J_2(k)=E\{(\hat{y}(k+1|k)+\varepsilon(k+1)-y_r(k+1))^2\}$$
$$=E[\varepsilon^2(k+1)]+[\hat{y}(k+1|k)-y_r(k+1)]^2$$
$$J_3(k)=E[\varepsilon^2(k+1)]$$
$$J_\mu(k)=[1+\mu(k+1)]E[\varepsilon^2(k+1)]+[\hat{y}(k+1|k)-y_r(k+1)]^2$$
$$=[1+\mu(k+1)][\varphi^T(k+1)P(k+1)\varphi(k+1)+\sigma_e^2]+$$
$$[\varphi^T(k+1)\hat{x}(k|k)-y_r(k+1)]^2 \qquad (3-13)$$

协方差阵 $P(k)$ 进行分块，得到：

$$P(k)=\begin{bmatrix} P_{b_1}(k) & P_{b_1\alpha}^T(k) \\ P_{b_1\alpha}(k) & P_\alpha(k) \end{bmatrix} \qquad (3-14)$$

根据这些定义量，进一步，我们有：

$$J_\mu(k)=u^T(k)\{[1+\mu(k+1)]P_{b_1}(k)+b_1b_1^T\}u(k)+$$
$$[1+\mu(k+1)]\psi^T(k+1)P_{b_1\alpha}(k)u(k)+$$
$$u^T(k)\{1+\mu(k+1)]P_{b_1\alpha}(k)\psi(k+1)+$$
$$2\{b_1a^T\psi(k+1)-2b_1y_r(k)\}u(k)\}+$$
$$[1+\mu(k+1)][\psi^T(k+1)P_\alpha(k)\psi(k+1)+r]+$$
$$[\psi^T(k+1)a-y_r(k)]^2 \qquad (3-15)$$

针对式（3-15）的目标函数对 $u(k)$ 求偏导，在 $P_{b_1}(k)>0$ 且 $b_1\neq 0$ 的条件下，可以得到该最小方差对偶控制的最优解为：

$$u(k)=-\{[1+\mu(k+1)]P_{b_1}(k)+b_1b_1^T\}^{-1}\times$$
$$\{\{[1+\mu(k+1)]P_{b_1\alpha}(k)+b_1\alpha^T]\}\psi(k+1)-b_1y_r(k)\} \qquad (3-16)$$

定理5：设 $\{u^*\}$ 为问题（NOP）的最优解，且问题（3-11）的非劣解集中与 ξ^* 和 λ^* 对应的非劣解为问题（NOP）的最优解，则：

$$\xi^*(k)=\frac{1}{J_3^*(k)},\lambda^*(k)=-\frac{J_2^*(k)}{J_3^*(k)^2} \qquad (3-17)$$

其中：$J_2^*(k)=J_2(k)|_{u^*(k)}$，$J_3^*(k)=J_3(k)|_{u^*(k)}$。

证明：给定 $\xi(k)$ 和 $\lambda(k)$，假设 $\hat{u}(\xi,\lambda,k)$ 为问题（NOP）的最优解，将

其代入 $J_2(k)$ 和 $J_3(k)$，于是，$J_2(k)$ 和 $J_3(k)$ 为 $\xi(k)$ 和 $\lambda(k)$ 的函数，因此，$\bar{J}_1(k)=\dfrac{J_2(k)}{J_3(k)}$ 亦为 $\xi(k)$ 和 $\lambda(k)$ 的函数。假设 $\bar{J}_1$ 在 $\eta^*=(\xi^*(k),\lambda^*(k))$ 处达到最优，根据最优性的必要条件：$\dfrac{d\bar{J}_1}{d\eta}\Big|_{\eta^*}=0$，有：

$$\frac{1}{J_3^*(k)}\frac{dJ_2(k)}{d\eta(k)}\bigg|_{\eta^*}-\frac{J_2^*(k)}{J_3^*(k)^2}\frac{dJ_3(k)}{d\eta(k)}\bigg|_{\eta^*}=0 \tag{3-18}$$

又因为问题（3-11）的最优解对应于 η^*，根据变分原理，有：

$$\xi^*(k)\frac{dJ_2(k)}{d\eta(k)}\bigg|_{\eta^*}+\lambda^*(k)\frac{dJ_3(k)}{d\eta(k)}\bigg|_{\eta^*}=0 \tag{3-19}$$

两式比较，可得式（3-17）。定理得证。

定理 5 给出了每一步的最优学习因子。下面推导搜索最优 $\xi(k)$ 和 $\lambda(k)$ 的校正公式。

根据问题（NOP），$\bar{J}_1(k)$ 的梯度为：

$$\nabla\bar{J}_1(k)=\begin{bmatrix}\dfrac{\partial\bar{J}_1(k)}{\partial J_2(k)} & \dfrac{\partial\bar{J}_1(k)}{\partial J_3(k)}\end{bmatrix}^T=\begin{bmatrix}\dfrac{1}{J_3(k)} & -\dfrac{J_2(k)}{J_3^2(k)}\end{bmatrix}^T$$

假设 $w=[\xi \quad \lambda]^T$，构造方向向量如下：

$$V(w)=[V_1(w) \quad V_2(w)]^T=-\nabla\bar{J}_1(k)+\frac{w^T\nabla\bar{J}_1(k)}{w^Tw}w$$

根据 Cauchy-Schwarz 不等式，有：

$$\nabla\bar{J}_1^T(k)V(w)=-\|\nabla\bar{J}_1(k)\|^2+\frac{(w^T\nabla\bar{J}_1(k))^2}{w^Tw}\leqslant 0$$

这表明 $V(w)$ 是 $\bar{J}_1(k)$ 的递减方向。显然，当 $V(w)=0$ 时，最优条件成立，即：

$$\xi(k)=\frac{1}{J_3(k)},\lambda(k)=-\frac{J_2(k)}{J_3(k)^2}$$

假设 $\xi^s(k)$ 和 $\lambda^s(k)$ 是 $\xi(k)$ 和 $\lambda(k)$ 在 s 步的迭代值。如果对最优的 $\xi(k)$ 和 $\lambda(k)$ 进行梯度搜索，则：

$$\xi^{s+1}(k)=\xi^{s}(k)+\gamma V_1(w),\lambda^{s+1}(k)=\lambda^{s}(k)+\gamma V_2(w) \tag{3-20}$$

其中：γ 为搜索步长。

$\xi(k)$和$\lambda(k)$校正结束的条件为 $V_1(w)=0$ 和 $V_2(w)=0$。因此得到两级算法如下：

步骤1：给定$\xi(k)$和$\lambda(k)$，求解问题（3-11），得到式（3-16）表示的控制律$u(k)$。

步骤2：如果$\left|\xi(k)-\frac{1}{J_3(k)}\right|\leqslant err$和$\left|\lambda(k)+\frac{J_2(k)}{J_3^2(k)}\right|\leqslant err$（err为给定的误差界），得到$\xi(k)$和$\lambda(k)$的最优近似值，迭代结束；否则，利用式（3-20）对$\xi(k)$和$\lambda(k)$进行校正，然后返回步骤1。

从式（3-16）得出，控制输入$u(k)$不仅与系统参数的估计值$\hat{x}(k)$有关，而且与参数估计误差的协方差阵$P(k)$有关。因此，得到：

(1) 如果参数是确定的，即：$P(k)=0$，得到控制律为：

$$u(k)=\frac{\alpha^T\psi(k+1)-\gamma_r(k)}{b_1}$$

这与最小方差控制律是一致的。

(2) 如果参数估计有较大的误差，从式（3-16）可以看出，$P_{b_1}(k)$存在于控制律表达式的分母中，这表明$u(k)$与估计值b_1的估计精度有关，此即为控制的谨慎特性；因此，控制信号$u(k)$能较好地跟踪期望的目标并且考虑了参数估计不确定性的影响。这就说明上述方法具有对偶特性。

求解控制信号$\{u(k)\},(k=0,1,\cdots,N-1)$的步骤如下：

步骤1：使用Kalman滤波器计算参数估计值$\hat{x}(k)$及估计误差协方差阵$P(k)$。

步骤2：使用两级算法搜索$\xi(k)$和$\lambda(k)$的最优值，得到式（3-16）表示的对偶控制律；令$k=k+1$，返回步骤1，直到$k=N-1$，结束。

3.5 仿真分析

给定如下单输入单输出随机系统：

$$y(k+1)=a_1y(k)+a_2y(k-1)+b_1u(k)+b_2u(k-1)+e(k+1)(k=0,1,\cdots,N-1)$$

其中：未知参数向量为 $x=[b_1,b_2,a_1,a_2]$；实时量测矩阵 $\varphi(k)=[u(k),u(k-1),y(k),y(k-1)]$；$e(k+1)\sim N(0,0.005)$。

假定系统实际参数的初始值为：$a_1=1.5,a_2=-0.7,b_1=1,b_2=0.5$。对该系统施加控制信号 u，使系统的实际输出 $y(k)$ 能较好地跟踪期望输出值 $y_r(k)$：幅值为 ±1，频率为 20 的方波。

图 3－1 所示为各未知参数的 kalman 滤波器估计值，图 3－2 所示为对偶控制序列与最优控制序列变化趋势，图 3－3 所示为系统的实际输出与期望输出的变化曲线。我们对获得的次优对偶控制与最优控制进行了 100 次 *Monte Carlo* 仿真，其对应的性能指标分别为：$J_{dual}=4.5477$，$J_{opt}=3.5519$，其变化趋势如图 3－4 所示。由于最优控制是系统参数确定情况下的控制律，因此，对应的性能指标是一切次优控制律对应的性能指标的下界。

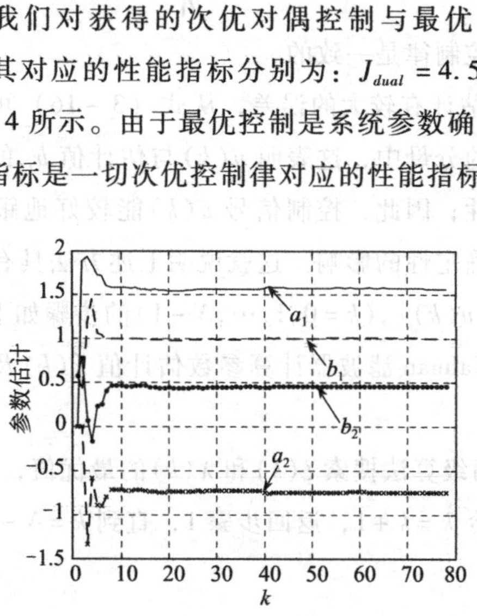

图 3－1　各未知参数的 Kalman 滤波器估计值

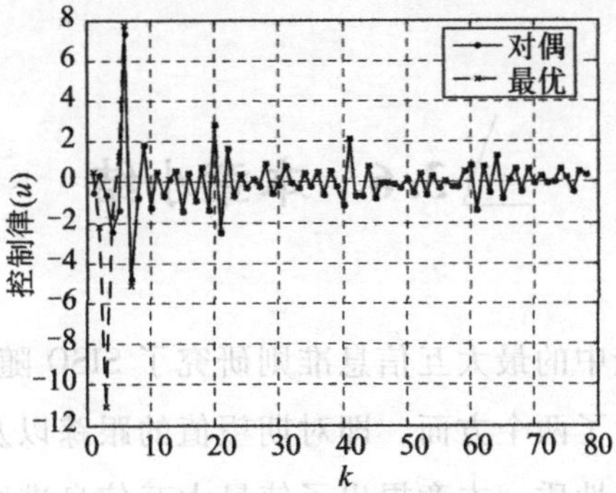

图3-2 对偶控制序列与最优控制序列变化趋势

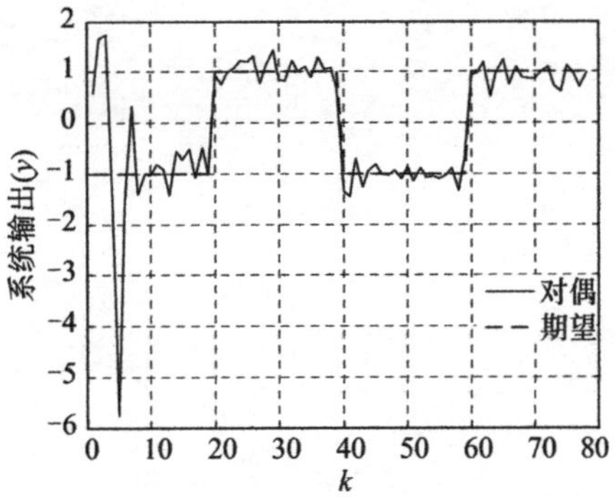

图3-3 系统的实际输出与期望输出的变化曲线

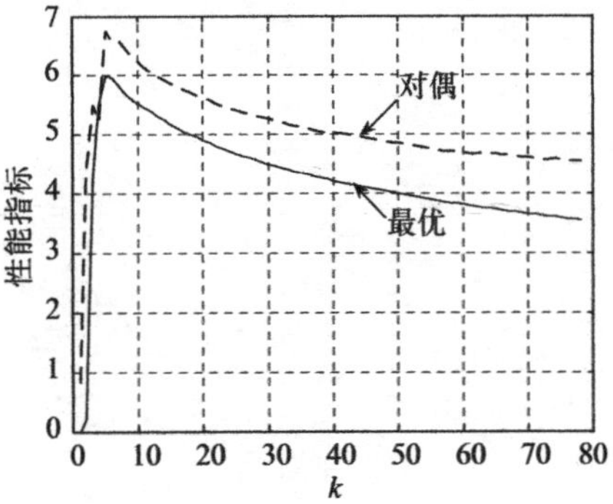

图3-4 对偶控制性能指标与最优控制性能指标变化趋势

3.6 本章小结

本章根据信息论中的最大互信息准则研究了 SISO 随机系统的对偶控制。最大互信息准则包含了两个方面，即对期望值的跟踪以及对参数不确定性的探测，因而具有对偶性质。本章提出了使最大互信息准则达到次优的两极算法。算例表明，本章提出的方法对于不确定随机系统的学习和调节是有效和可行的。

第 4 章

模型不确定随机系统的对偶控制

对于一个一般的系统而言，其不确定性普遍存在，使大部分实际工业生产过程和社会、经济等领域中的多步决策问题都不能用简单的确定性模型加以描述，而必须采用随机系统的理论和方法加以分析和处理。对于参数未知的随机系统，20 世纪 60 年代，苏联学者 Feldbaum 提出了对偶控制的思想[1]，其本质就是控制器，一方面要对系统进行调节（或控制），使其输出趋向期望的目标；另一方面还要对系统进行学习（或探测），以减少系统中参数的不确定性，两者之间存在耦合，不能分开进行，这种耦合导致了最优控制的解析解无法获得。

Lainiotis 等（1973）采用基于后验概率加权方式构成的自适应控制策略，称作 DUL 算法[13]。Casiello（1989）针对参数未知、部分可观线性离散随机系统，当参数不确定性存在于量测方程时，选择线性二次高斯型性能指标与一个修正项的差作为新的性能指标，得到了最优对偶自适应控制律。2002 年，Li Duan 等针对参数的不确定性存在于测量方程，提出了方差最小化方法，获得了具有主动学习特点的对偶控制律，同年，他们还用方差最小化和度量系统参数不确定熵的方法给出了参数不确定性存在于状态方程与量测方程的对偶控制律[29][38]，然而，这些方法仅适用于被控系统的模型为状态空间描述。2005，Li Duan 等总结了其研究成果，提出了参数不确定性对偶控制求解的一般性框架[36]。Thompson（2005）针对参数未知随机系统，为避免数值求解多步最小方差性能指标所产生的“维数灾”，通过 Monte Carlo 方法来解决随机递推动态规划问题，得到了最优对偶自适应控制律。Maitelli（1994，1999）等利用预测控制方法给出了随机系统两步最小方差控制问题与多步最小方差控制问题的次优算法。这些算法的共同特点是对原无法求解的多步动态规划化问题加以近似并简化，从而使问题能够顺利得以求解，且要确保所得的控制具有对偶特性[128-130]。

4.1 参数不确定随机系统的最小方差对偶自适应控制

本节考虑一类参数不确定系统的对偶控制问题，即系统的结构模型已知为差分方程，系统参数未知，但存在于具有有限个参数的模型集中，通过将其转换成状态空间模型，运用 DUL 算法得到一种次优对偶控制律。

4.1.1 问题的提出

考虑如下 SISO 系统，其差分方程为：

$$y(k)=A(q^{-1})y(k)+B(q^{-1})u(k)+w(k) \tag{4-1}$$

其中：$A(q^{-1})=a_1q^{-1}+\cdots+a_nq^{-n}$；$B(q^{-1})=b_1q^{-1}+b_2q^{-2}+\cdots+b_mq^{-m}$（$m\leqslant n$），$y(k)$和$u(k)$分别为系统的输出和输入；$a_i(i=1,\cdots,n)$和$b_j(j=1,\cdots,m)$为系统参数；$q^{-1}$为后移算子；$\{w(k)\}$为零均值、方差为$R_1$的白噪声序列，即$w(k)\sim N(0,R_1)$。

在一般的最小方差控制问题中，差分方程中的参数$a_i(i=1,\cdots,n)$和$b_j(j=1,\cdots,m)$是已知的，$\{w(k)\}$模型化了系统在运行过程中受到来自外界的随机干扰。而在自适应控制问题中，除了含有干扰噪声外，差分方程中的参数$a_i(i=1,\cdots,n)$和$b_j(j=1,\cdots,m)$是未知的。假设其取值为有限个参数，即：$\theta=[a_1,a_2,\cdots,a_n,b_1,b_2,\cdots,b_m]$，且$\theta\in\Omega=\{\theta_1,\theta_2,\cdots,\theta_s\}$。

考虑上述的具有未知参数的差分方程的随机最优控制问题（G）：

$$(G)\quad \min J = \min E\{y^2(N) + \sum_{k=0}^{N-1}\{y^2(k) + r(k)u^2(k)\} \mid I^0\} \tag{4-2}$$

$$s.t.\quad \begin{array}{l} y(k) = A_\theta(q^{-1})y(k) + B_\theta(q^{-1})u(k) + w(k) \\ k=0,1,\cdots,N-1; i=1,2,\cdots,s; \theta=\theta_i(i=1,2,\cdots,s) \end{array} \tag{4-3}$$

其中：I^0 为初始信息的集合；$A_\theta(q^{-1})$ 和 $B_\theta(q^{-1})$ 为参数 $\theta=\theta_i(i=1,2,\cdots,s)$ 时的系数多项式；$r(k)>0(k=1,2,\cdots,N-1)$ 为加权系数；参数 θ 的先验概率为 $q_i(0)=P(\theta=\theta_i\,|I^0)(i=1,2,\cdots,s)$。

假设在阶段 k 时的信息集 I^k 为 $I^k=\{u(0),\cdots,u(k-1),y(1),\cdots,y(k),I^0\}$，那么，对偶控制问题就是对于问题（G）寻找闭环控制：$u(k)=f_k(I^k),k=0,1\cdots,N-1$，使问题($G$)中的性能指标达到极小。

4.1.2 最优对偶控制律

在问题(G)中，令：

$$J(k,I^k)=E\{y^2(k)+r(k)u^2(k)|I^k\}\ (k=0,1,\cdots,N-1)$$

$$J(N,I^N)=E\{y^2(N)|I^N\}$$

则根据动态规划原理，问题（G）中的代价函数的条件期望极小化，即为求解：

$$\min J=\min_{u(0)}E\{J(0,I^0)+\min_{u(1)}E\{J(1,I^1)+\cdots+\min_{u(k)}E\{J(k,I^k)+\cdots+$$

$$\min_{u(N-1)}E\{J(N-1,I^{N-1})+J(N,I^N)|I^{N-1}\}\cdots|I^k\}\cdots|I^0\} \tag{4-4}$$

定义：k 阶段的最小代价函数的条件期望（*Bellman* 方程）为：

$$J^*(k,I^k)=\min_{u(k)}E\{y^2(k)+r(k)u^2(k)+J^*(k+1,I^{k+1})|I^k\}(k=0,1,\cdots,N-1) \tag{4-5}$$

终端条件为：

$$J^*(N,I^N)=E\{y^2(N)|I^N\}$$

通过求解方程（4-5）就可得到最优控制律，然而，即使是最简单的情况，*Bellman* 方程也得不到解析解；这是由于不确定性的存在，系统辨识和控制存在耦合，使求解这一泛函方程会引起状态维数随控制时间推移急速增长，产生所谓的“维数灾”。因此，只能寻求具有对偶性质的次优控制律。

4.1.3 次优对偶控制律

定理1：具有未知参数的最小方差控制问题(G)与如下控制问题(P)等价：

$$(P)\quad \min J_1=\min E\left\{x^T(N)Q_0(N)x(N)+\sum_{k=0}^{N-1}\begin{bmatrix}x^T(k)Q_1(k)x(k)\\+Q_2(k)u^2(k)\end{bmatrix}\mid I^0\right\}\tag{4-6}$$

$$s.t.\quad \begin{matrix}x(k+1)=\Phi_\theta(k)x(k)+\Gamma_\theta(k)u(k)+\Lambda_\theta(k)w(k)\\ k=0,1,\cdots,N-1;\theta=\theta_i(i=1,2,\cdots,s)\end{matrix}\tag{4-7a}$$

$$y(k)=Hx(k)+w(k)(k=1,2,\cdots,N)\tag{4-7b}$$

其中：$x(k)=[x_1(k)\quad x_2(k)\quad\cdots\quad x_n(k)]^T\in R^n$。

为表达简洁，令式（4－3）中 $A_\theta(q^{-1}),B_\theta(q^{-1})$ 的系数为：$\alpha_\theta=[a_1\quad a_2\quad\cdots\quad a_n]^T$，$\beta_\theta=[b_1\quad\cdots\quad b_m]^T$。且：$\gamma=[I_{(n-1)}\quad O_{(n-1)\times 1}]^T$。

则：$\Phi_\theta(k)=[\alpha_\theta\quad\gamma]$，$\Gamma_\theta(k)=[\beta_\theta^T\quad b_{m+1}\quad\cdots\quad b_n]^T$ $(b_t=0,t=m+1,\cdots,n)$，$\Lambda_\theta(k)=\alpha_\theta$，$H=[1\quad 0\quad\cdots\quad 0]$，$v(k)=\Lambda_\theta(k)w(k)\sim N(0,R_2(k))$，$w(k)\sim N(0,R_1)$。

其中：$\Phi_\theta(k),\Gamma_\theta(k),\Lambda_\theta(k)$为当未知参数 $\theta=\theta_i(i=1,2,\cdots,s)$时状态方程的系统矩阵、控制矩阵及噪声加权阵。

证明：当 $\theta=\theta_i(i=1,2,\cdots,s)$时，令：

$$x_1(k)=y(k)-w(k)\tag{4-8a}$$

$$x_2(k-1)=x_1(k)-[a_1y(k-1)+b_1u(k-1)]\tag{4-8b}$$

…

$$x_{m+1}(k-m)=x_m(k-m+1)-[a_my(k-m)+b_mu(k-m)],(m\leqslant n)$$

…

$$\begin{aligned}x_n(k-n+1)&=x_{n-1}(k-n+2)-[a_{n-1}y(k-n+1)+b_{n-1}u(k-n+1)]\\&=a_ny(k-n)+b_nu(k-n)\end{aligned}$$

在式(4-8b)中，取 k 为 $k+1$，可得：

$$x_1(k+1)=x_2(k)+a_1y(k)+b_1u(k)$$

将式(4-8a)代入上式，可得：

$$x_1(k+1)=a_1x_1(k)+x_2(k)+b_1u(k)+a_1w(k)$$

同理：

$$x_m(k+1)=a_mx_1(k)+x_{m+1}(k)+b_mu(k)+a_mw(k)$$

$$\cdots$$

$$x_{n-1}(k+1)=a_{n-1}x_1(k)+x_n(k)+b_{n-1}u(k)+a_{n-1}w(k)$$

$$x_n(k+1)=a_nx_1(k)+b_nu(k)+a_nw(k)$$

写成矩阵向量形式，即可得式（4-7a)。

将式(4-7b)代入式（4-2），可得：

$$\begin{aligned}J&=E\{(Hx(N)-w(N))^T(Hx(N)-w(N))+\\&\sum_{k=0}^{N-1}[(Hx(k)-w(k))^T(Hx(k)-w(k))+r(k)u^2(k)]\mid I^0\}\\&=E\{x^T(N)Q_0(N)x(N)+\\&\sum_{k=0}^{N-1}[x^T(k)Q_1(k)x(k)+Q_2(k)u^2(k)]\mid I^0\}+(N+1)R_1\\&=J_1+(N+1)R_1\end{aligned}$$

其中：$Q_0(N)=Q_1(k)=H^TH$，$Q_2(k)=r(k),(k=0,1,\cdots,N-1)$。

由于，$R_1=E\{w^T(k)w(k)\}>0(k=0,1,\cdots,N)$，且为常数，因此，$\min J=\min J_1$。

定理得证。

定义1：当未知参数 $\theta=\theta_i(i=1,2,\cdots,s)$时，阶段 k 的状态估计为：

$$\hat{x}_i(k|k)=E\{x(k)\mid\theta=\theta_i,I^k\}(k=1,\cdots,N) \tag{4-9}$$

可由 *Kalman* 滤波器获得：

$$\hat{x}_i(k+1|k+1)=\hat{x}_i(k+1|k)+F_i(k+1)[y(k+1)-H\hat{x}_i(k+1|k)]$$

$$\hat{x}_i(k+1|k)=\Phi_\theta\hat{x}_i(k|k)+\Gamma_\theta u(k)$$

$$F_i(k+1)=P_i(k+1|k)H^T[HP_i(k+1|k)H^T+R_1]^{-1}$$

$$P_i(k+1|k)=\Phi_\theta P_i(k-1|k-1)\Phi_\theta^T+R_2$$

$$P_i(k+1|k+1)=P_i(k+1|k)-F_i(k+1)HP_i(k+1|k)$$

具有初始条件：$\hat{x}_i(0 \mid 0)=\hat{x}(0), P_i(0 \mid 0)=P(0)$

定义 2：当未知参数 $\theta=\theta_i(i=1,2,\cdots,s)$ 时，模型 i 在阶段 k 的后验概率为：

$$q_i(k)=P(\theta=\theta_i \mid I^k)(k=1,2,\cdots,N;i=1,2,\cdots,s) \tag{4-10}$$

由 *Bayes* 公式可计算出后验概率为：

$$q_i(k)=\frac{L_i(k)}{\sum_{j=1}^{s}L_j(k)q_j(k-1)}q_i(k-1) \tag{4-11}$$

其中：初始值为先验概率 $q_i(0)=P(\theta=\theta_i \mid I^0)(i=1,2,\cdots,s)$。

另外，$L_i(k)(i=1,\cdots s)$ 表示输出的条件概率密度，假定是正态分布，所以有：

$$L_i(k)=\det[P_y(k|k-1,\theta_i)]^{-\frac{1}{2}}\times$$

$$\exp\left\{-\frac{1}{2}\tilde{y}^T(k|k-1,\theta_i)P_y^{-1}(k|k-1,\theta_i)\tilde{y}(k|k-1,\theta_i)\right\}$$

其中：

$P_y(k|k-1,\theta_i)=HP_i(k|k-1)H^T+R_1$； $\tilde{y}(k|k-1,\theta_i)=y(k)-H\hat{x}_i(k|k-1)$。

而且，当参数 $\theta=\theta_i(i=1,2,\cdots,s)$ 时，$\hat{x}_i(k \mid k-1)$ 为 *Kalman* 滤波的一步预测估计值；$P_i(k \mid k-1)$ 为 *Kalman* 滤波的一步预测估计误差协方差阵。

定义 3：k 阶段最小代价函数的条件期望（*Bellman* 方程）为：

$$J^*(k,I^k)=\min_{u(k)\cdots u(N-1)}E\{x^T(N)Q_0(N)x(N)+\sum_{j=k}^{N-1}[x^T(j)Q_1(k)x(j)+Q_2(j)u^2(j)]\mid I^k\} \tag{4-12}$$

$$(k=0,1,\cdots,N-1)$$

$J^*(k,I^k)$ 表示在 I^k 给定的条件下由 k 到 N 的最小代价函数的条件期望。$J^*(k,I^k)$ 又可写成：

$$J^*(k,I^k) = \min_{u(k)\cdots u(N-1)} \underset{\theta}{E}\{\underset{x}{E}\{x^T(N)Q_0(N)x(N) + \sum_{j=k}^{N-1}[x^T(j)Q_1(k)x(j) + Q_2(j)u^2(j)] \mid \theta,I^k\} \mid I^k\}$$

$$= \min_{u(k)} \underset{\theta}{E}\{\underset{x}{E}\{x^T(k)Q_1(k)x(k) + Q_2(k)u^2(k) + J^*(k+1,I^{k+1}) \mid \theta,I^k\} \mid I^k\}$$

$$(k = 0,1,\cdots,N-1) \tag{4-13}$$

定义4：对于参数 $\theta=\theta_i(i=1,2,\cdots,s)$ 和 $k=1,2,\cdots,N-1$，有：

$$J_i(k,I^k) = E\{x^T(k)Q_1(k)x(k) + Q_2(k)u^2(k) \mid \theta_i,I^k\} \tag{4-14}$$

$$J_i(N,I^N) = E\{x^T(N)Q_0(N)x(N) \mid \theta_i,I^N\} \tag{4-15}$$

于是，在式（4-13）中：

$$J(k,I^k) = E\{x^T(k)Q_1(k)x(k) + Q_2(k)u^2(k) \mid I^k\}$$

$$= \underset{\theta}{E}\{\underset{x}{E}\{x^T(k)Q_1(k)x(k) + Q_2(k)u^2(k) \mid \theta,I^k\}\}$$

$$= \sum_{i=1}^{s} q_i(k)J_i(k,I^k)(k = 0,1,\cdots,N-1)$$

$$J(N,I^N) = E\{x^T(N)Q_0(N)x(N) \mid I^N\} = \underset{\theta}{E}\{\underset{x}{E}\{x^T(N)Q_0(N)x(N) \mid I^N\}\}$$

$$= \sum_{i=1}^{s} q_i(N)J_i(N,I^N)$$

其中：$q_i(k),(k=1,2,\cdots,N)$为后验概率。

由定义3、定义4，k 阶段最小代价函数的条件期望可写为：

$$J^*(k,I^k) = \min_{u(k)} E\left\{\sum_{j=1}^{s} q_j(k)J_j(k,I^k) + J^*(k+1,I^{k+1}) \mid I^k\right\}$$

$$= \min_{u(k)} E\left\{\sum_{j=1}^{s} q_j(k)[J_j(k,I^k) + J^*(k+1,I^{k+1})] \mid I^k\right\}$$

$$= \min_{u(k)} \sum_{j=1}^{s} q_j(k)E\{J_j(k,I^k) + J^*(k+1,I^{k+1}) \mid I^k\}$$

由文献[13]，系统在每个时刻 $k(k=0,1,\cdots,N-1)$的对偶控制律 $u(k)$应为各模型的 LQG 最优控制律 $\hat{u}_i(k|k)$与后验概率 $q_i(k)$的加权和，即可表示为：

$$u(k) = \sum_{i=1}^{s} \hat{u}_i(k|k)q_i(k)(k = 0,1,\cdots,N-1) \tag{4-16}$$

其中：$\hat{u}_i(k|k) = -K_i(k)\hat{x}_i(k|k)$。

$$K_i(k) = [Q_2(k) + \Gamma_\theta^T(k)S_i(k+1)\Gamma_\theta(k)]^{-1}\Gamma_\theta^T(k)S_i(k+1)\Phi_\theta(k) \quad (4-17)$$

$$S_i(k) = Q_1(k) + \Phi_\theta^T(k)S_i(k+1)\Phi_\theta(k) - \Phi_\theta^T(k)S_i(k+1)\Gamma_\theta(k) \times [\Gamma_\theta^T(k)S_i(k+1)\Gamma_\theta(k) + Q_2(k)]^{-1}\Gamma_\theta^T(k)S_i(k+1)\Phi_\theta(k) \quad (4-18)$$

对偶控制实现步骤分为离线计算和在线计算两个部分。

(1) 离线计算。

步骤1：由定理1，将差分方程（4－3）转换成状态方程（4－7a）和（4－7b）。

步骤2：取 $k=1$，参数取 $\theta=\theta_i(i=1,2\cdots,s)$，由定义1，通过 *kalman* 滤波器计算模型 i 在阶段 k 的状态估计值 $\hat{x}(k|k)$，一步预测 $\hat{x}(k|k-1)$ 及一步预测误差 $P_i(k,k-1)$ 和输出预测误差 $P_y(k,k-1,\theta_i)$。

步骤3：由式（4－17）、式（4－18）计算控制增益 $K_i(k)$ 和 $S_i(k)$。

步骤4：计算 $k+1$，重复步骤1～3，直到 k 取 N 时为止。

(2) 在线计算。

步骤1：令 $k=1$，由式（4－10）、式（4－11），计算模型 i 在阶段 k 的后验概率 $q_i(k)$。

步骤2：由式（4－16）得到阶段 k 的对偶控制律 $u(k)$。

然后，计算 $k+1$，重复步骤1～2，直到 k 取 $N-1$ 时为止。

4.1.4 仿真

例1：系统差分方程模型为：

$$y(k) = a_1y(k-1) + b_1u(k-1) + w(k)$$

其中：$w(k)$ 为白噪声信号，其特性为 $w(k) \sim N(0,0.04)$；未知参数 $\theta = [a_1,a_2,b_1,b_2] \in \Omega = [\theta_1,\theta_2]$，且 $\theta_1 = [a_1,b_1] = [1,0.5]$，$\theta_2 = [a_1,b_1] = [0.6,0.2]$。

两个模型的先验概率相同，均为0.5，假定系统的真实参数为 θ_1。

将差分方程转换成状态方程：

$$x(k+1)=a_1x(k)+b_1u(k)+a_1w(k)$$

$$y(k)=x(k)+w(k)$$

初始状态：$x(0)=N(0.5,0.04)$

目标是寻找控制序列$\{u(k)\}(k=0,1,\cdots,49)$，使以下性能指标最小：

$$J=E\left\{x^T(N)Q_0x(N)+\sum_{k=0}^{N-1}\left[x^T(k)Q_1x(k)+Q_2u^2(k)\right]\right\}(N=50)$$

图4-1所示为各模型后验概率变化趋势，图4-2所示为最优控制序列和对偶控制序列的变化情况。从图4-1可以看出，在第1步时，真值的后验概率与非真值的后验概率已明显分开，此时即可得到系统的真值；大约在第7步时，真值的后验概率趋近1，非真值的后验概率趋近于零，该算法已经收敛。从图4-2可以看出，大约第6步以前，对偶控制的控制信号幅度较大，这是为了学习出系统参数而引入了较大激励；第7步以后，对偶控制信号与最优控制信号趋于一致，说明此时系统达到预期的控制要求。

对本章获得的次优对偶控制与最优控制进行了100次 *Monte Carlo* 仿真，其对应的性能指标分别为，$J_{dual}=9.9271$，$J_{opt}=7.5781$，其变化趋势如图4-3所示。由于最优控制是未知参数已知情况下的控制律，因此，对应的性能指标是一切次优控制律对应的性能指标的下界。

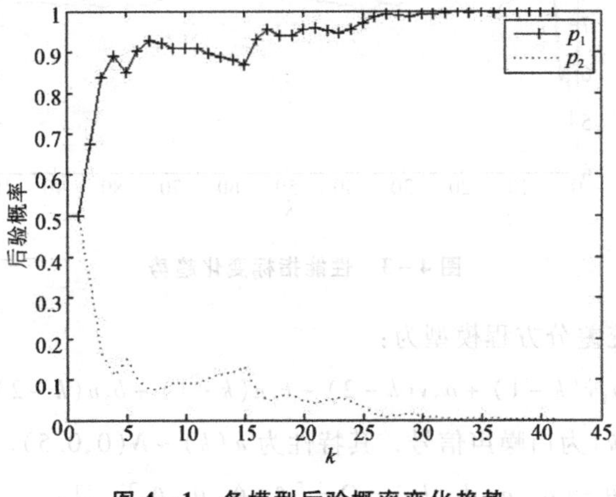

图4-1　各模型后验概率变化趋势

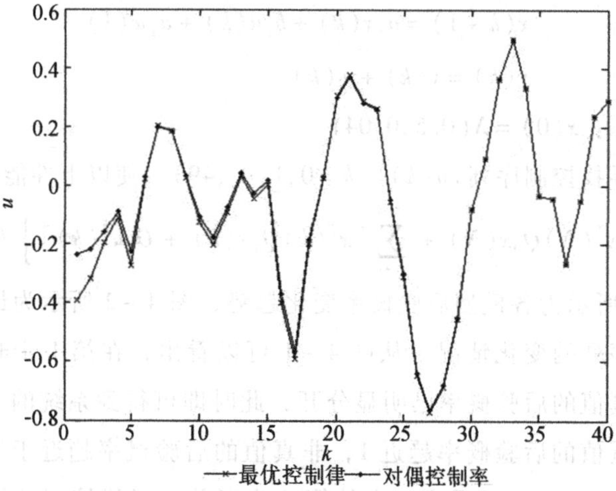

图 4－2 最优控制序列和对偶控制序列的变化情况

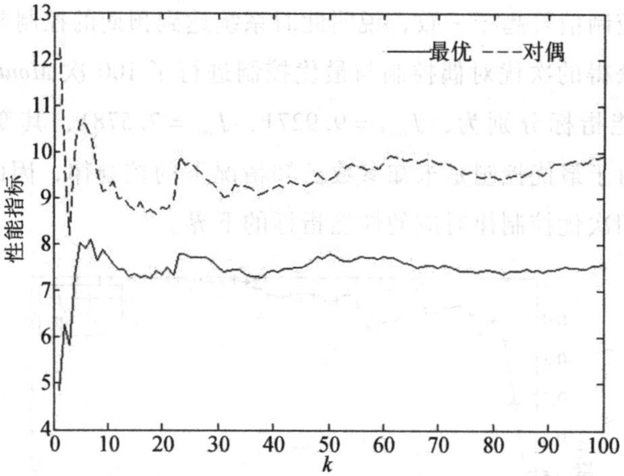

图 4－3 性能指标变化趋势

例 2：系统差分方程模型为：

$$y(k)=a_1y(k-1)+a_2y(k-2)+b_1u(k-1)+b_2u(k-2)+w(k)$$

其中：$w(k)$为白噪声信号，其特性为$w(k)\sim N(0,0.5)$。

未知参数$\theta=[a_1,a_2,b_1,b_2]\in\Omega=[\theta_1,\theta_2,\theta_3,\theta_4]$，且：

$$\theta_1=[a_1,a_2,b_1,b_2]=[0.8\quad 0.2\quad 0.5\quad 1]$$

$$\theta_2=[a_1,a_2,b_1,b_2]=[0.1\quad 0.6\quad 0.9\quad 1]$$

$$\theta_3=[a_1,a_2,b_1,b_2]=[0.05\quad 0.5\quad 0.2\quad 1]$$

$$\theta_4=[a_1,a_2,b_1,b_2]=[0.3\quad 0.1\quad 0\quad 1]$$

四个模型的先验概率相同，均为 0.25，假定系统的真实参数为 θ_1。

将差分方程转换成状态方程：

$$\begin{bmatrix} x_1(k+1) \\ x_2(k+1) \end{bmatrix} = \begin{bmatrix} a_1 & 1 \\ a_2 & 0 \end{bmatrix}\begin{bmatrix} x_1(k) \\ x_2(k) \end{bmatrix} + \begin{bmatrix} b_1 \\ b_2 \end{bmatrix} u(k) + \begin{bmatrix} a_1 \\ a_2 \end{bmatrix} w(k)$$

$$y(k)=[1\quad 0]\begin{bmatrix} x_1(k) \\ x_2(k) \end{bmatrix} + w(k)$$

初始状态：$x(0)=N\left(\begin{bmatrix} 0.005 \\ 0.005 \end{bmatrix},\begin{bmatrix} 0.25 & 0 \\ 0 & 0.25 \end{bmatrix}\right)$

目标是寻找控制序列$\{u(k)\}(k=0,1,\cdots,49)$，使以下性能指标最小：

$$J = E\left\{x^T(N)Q_0x(N) + \sum_{k=0}^{N-1}[x^T(k)Q_1x(k) + Q_2u^2(k)]\right\}(N=50)$$

图 4－4 所示为各模型后验概率变化趋势，图 4－5 所示最优控制序列和对偶控制序列的变化情况。在图 4－4 中，第 8 步以前，真值的后验概率经历了上升—下降—上升的过程，三个非真值的后验概率则为下降—上升—下降；从第 9 步开始，真值与非真值的后验概率已明显分开，表明已经学习出

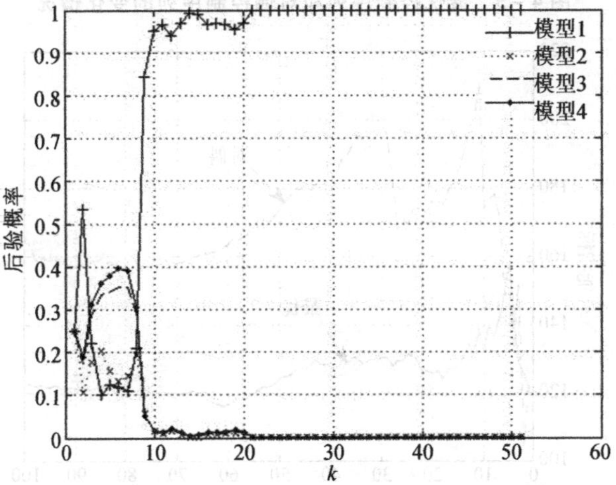

图 4－4　各模型后验概率变化趋势

系统的真值；从第 10 步，真值的后验概率逐渐接近 1，非真值的后验概率逐渐接近 0，该算法已经收敛。在图 4 – 5 中，大约在 4 步以前，对偶控制与最优控制变化趋势很接近，从第 5 步到第 9 步，对偶控制较最优控制变化趋势较小，此时系统处于谨慎控制。第 10 步以后对偶控制与最优控制信号趋于重合。

进行 100 次 *Monte Carlo* 仿真之后，对偶控制和最优控制对应的最小代价函数分别为：$J_{dual} = 163.9435$，$J_{opt} = 123.1847$，其变化趋势如图 4 – 6 所示。

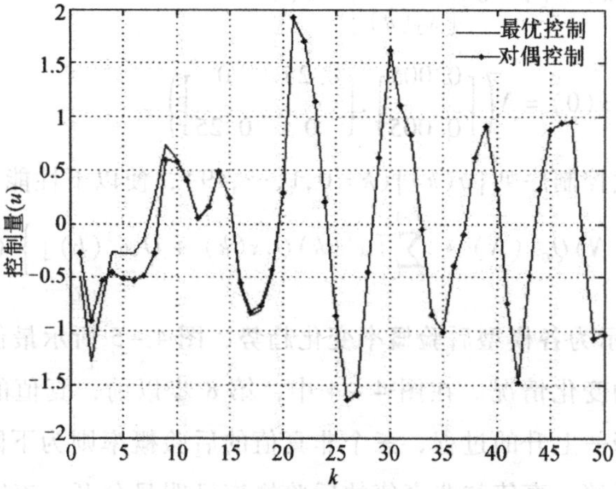

图 4 – 5　最优控制序列和对偶控制序列的变化情况

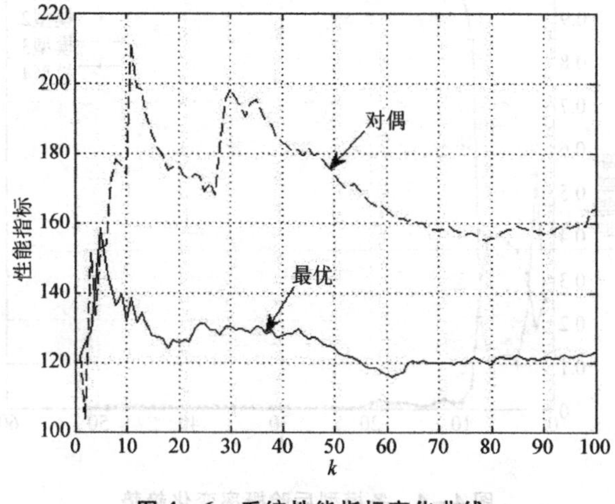

图 4 – 6　系统性能指标变化曲线

4.2 参数未知差分方程模型的最小方差对偶控制

本节研究系统模型为参数未知的差分方程，未知参数在具有有限个参数的模型集中取值，通过求取各模型的一步最小方差控制律及两步最小方差控制律，然后，经过后验概率加权，得到次优对偶控制律。

4.2.1 问题的提出

考虑差分方程：

$$A(q^{-1})y(k)=B(q^{-1})u(k)+w(k) \tag{4-19}$$

其中：$A(q^{-1})=1-a_1q^{-1}-\cdots-a_nq^{-n}$；$B(q^{-1})=b_1q^{-1}+b_2q^{-2}+\cdots+b_mq^{-m}(m\leqslant n)$；$w(k)$为零均值白噪声，$E\{w(k)\}=0, E\{w^T(k)w(j)\}=R_1(k)\delta_{kj}$；参数 $\theta=[a_1,a_2,\cdots,a_n,b_1,b_2,\cdots,b_m]$未知，假定 $\theta\in\Omega_\theta=[\theta_1,\theta_2,\cdots,\theta_s]$。

已知先验概率 $q_i(0)=P(\theta=\theta_i|I^0),(i=1,2,\cdots,s)$，且 $\sum_{i=1}^{s}q_i(0)=1$。

假定系统的参数：

$$x(k)=[b_1,b_2,\cdots,b_m,a_1,a_2,\cdots,a_n]^T=[b_1,\alpha^T]^T$$

$$\begin{aligned}\Phi(k)&=[u(k-1),\cdots,u(k-m),y(k-1),\cdots,y(k-n)]^T\\&=[u(k-1),\Psi^T(k)]^T\end{aligned}$$

则单输入单输出随机系统（4-19）可写成如下的形式：

$$y(k)=\Phi^T(k)x(k)+w(k) \tag{4-20}$$

未知系统参数假设为常数，即：

$$x(k+1)=x(k) \tag{4-21}$$

对于未知参数 $x(k)$的辨识可根据卡尔曼滤波器获得。

4.2.2 最小方差控制

1. 一步最小方差控制

性能指标：

$$J_{ONE}(k)=E\{y^2(k+1)+r(k)u^2(k)\mid I^k\}(k=0,1,\cdots,N-1)$$

其中：$I^k=\{y(0),y(1),y(2),\cdots,y(k),u(0),u(1),\cdots,u(k-1),I^0\}$，$I^0$ 为初始信息集。

容易得出，一步最小方差控制律为：

$$u=-\frac{b_1\Psi^T(k+1)\alpha}{b_1^2+r(k)}$$

2. 两步最小方差控制

性能指标：

$$\begin{aligned}J_{TWO}(k)&=E\{y^2(k+1)+r(k)u^2(k)+w[y^2(k+2)+r(k+1)u^2(k+1)]\mid I^k\}\\&=J_{ONE}(k)+J_{ONE}(k+1)(k=0,1,\cdots,N-1)\end{aligned}$$

为推出两步最小方差控制律，令：

$$L_1=[1\quad 0\quad \cdots\quad 0\mid 0\quad 0\quad \cdots\quad 0]^T$$

$$L_2=[0\quad 1\quad \cdots\quad 0\mid 0\quad 0\quad \cdots\quad 0]^T$$

$$L_3=[0\quad 0\quad \cdots\quad 0\mid 1\quad 0\quad \cdots\quad 0]^T$$

定义：

$$\tilde{\varphi}(k+1)=[0,u(k-1),\cdots,u(k-m+1)|y(k),\cdots,y(k+1-n)]T$$

$$\tilde{\varphi}(k+1)=[0,0,u(k-1),\cdots,u(k-m+2)|0,y(k),\cdots,y(k+2-n)]T$$

于是：

$$\varphi(k+1)=\tilde{\varphi}(k+1)+L_1u(k)$$

$$\begin{aligned}\varphi(k+2)=\tilde{\varphi}(k+2)+L_3[\tilde{\varphi}^T(k+1)x(k+1)]+\\ [L_2+L_3(L_1^Tx(k+1))]u(k)+L_1u(k+1)\end{aligned}$$

于是：

$$J(k)=au(k)+bu(k+1)+cu(k)u(k+1)+du^2(k)+eu^2(k+1)+f$$

其中：

$$a = 2\tilde{\varphi}^{T}(k+1)x(k+1)L_1^T x(k+1) + 2w\{\tilde{\varphi}^{T}(k+2)x(k+1) + L_3^T[\tilde{\varphi}^{T}(k+1)x(k+1)]x(k+1)\} \times \{[L_2^T + L_3^T(L_1^T x(k+1))]x(k+1)\}$$

$$b = 2w\{\tilde{\varphi}^{T}(k+2)x(k+1) + L_3^T[\tilde{\varphi}^{T}(k+1)x(k+1)]x(k+1)\}L_1^T x(k+1)$$

$$c = 2w\{L_2^T + L_3^T(L_1^T x(k+1))x(k+1)\}L_1^T x(k+1)$$

$$d = [L_1^T x(k+1)]^2 + w[L_2^T + L_3^T(L_1^T(x(k+1))x(k+1)]^2 + r(k)$$

$$e = w[L_1^T x(k+1)]^2 + r(k+1)$$

其中：f 为与 $u(k)$ 和 $u(k+1)$ 无关的项。

由于：$\dfrac{\partial J(k)}{\partial u(k)} = a + cu(k+1) + 2du(k)$，$\dfrac{\partial J(k)}{\partial u(k+1)} = b + cu(k) + 2eu(k+1)$。

得到：

$$u(k) = \frac{2ea - bc}{c^2 - 4ed}$$

4.2.3 次优对偶控制律

定义 5：当未知参数 $\theta = \theta_i (i = 1, 2, \cdots, s)$ 时，阶段 k 的状态估计为：

$$\hat{x}_i(k|k) = E\{x(k) \mid \theta = \theta_i, I^k\} (k = 1, \cdots, N) \tag{4-22}$$

可由 *Kalman* 滤波器获得：

$$\hat{x}_i(k|k) = \hat{x}_i(k|k-1) + F_i(k)[y(k) - \Phi^T(k)\hat{x}_i(k|k-1)]$$

$$\hat{x}_i(k|k-1) = \hat{x}_i(k-1|k-1)$$

$$F_i(k) = P_i(k|k-1)\Phi(k)[\Phi^T(k)P_i(k|k-1)\Phi(k) + R_1]^{-1}$$

$$P_i(k|k-1) = P_i(k-1|k-1)$$

$$P_i(k|k) = P_i(k|k-1) - F_i(k)\Phi^T(k)P_i(k|k-1)$$

具有初始条件：$\hat{x}_i(0|0) = \hat{x}(0)$，$P_i(0|0) = P(0)$

定义 6：当未知参数 $\theta = \theta_i (i = 1, 2, \cdots, s)$ 时，模型 i 在阶段 k 的后验概率为：

$$q_i(k) = P(\theta = \theta_i \mid I^k)(k = 1, 2, \cdots, N; i = 1, 2, \cdots, s) \tag{4-23}$$

由 Bayes 公式可计算出后验概率为：

$$q_i(k) = \frac{L_i(k)}{\sum_{j=1}^{s} L_j(k) q_j(k-1)} q_i(k-1) \qquad (4-24)$$

其中：初始值为先验概率 $q_i(0) = P(\theta = \theta_i | I^0)(i = 1, 2, \cdots, s)$。

另外，$L_i(k)(i = 1, \cdots s)$表示输出的条件概率密度，假定是正态分布，所以有：

$$L_i(k) = \det[P_y(k|k-1, \theta_i)]^{-\frac{1}{2}} \times$$

$$\exp\left\{ -\frac{1}{2} \tilde{y}^T(k|k-1, \theta_i) P_y^{-1}(k|k-1, \theta_i) \tilde{y}(k|k-1, \theta_i) \right\}$$

其中：

$$P_y(k|k-1, \theta_i) = \Phi^T(k) P_i(k|k-1) \Phi(k) + R_1;$$

$$\tilde{y}(k|k-1, \theta_i) = y(k) - \Phi^T(k) \hat{x}_i(k|k-1)。$$

而且，$\hat{x}_i(k|k-1)$为当参数 $\theta = \theta_i(i = 1, 2, \cdots, s)$时，*Kalman* 滤波的一步预测估计值。

定义 7：对于参数 $\theta = \theta_i(i = 1, 2, \cdots, s)$和$(k = 1, 2, \cdots, N-1)$，有：

$$J_i(k) = E\{y^2(k+1) + r(k)u^2(k) | \theta_i, I^k\} \qquad (4-25)$$

于是：

$$J_{ONE}(k) = E\{y^2(k+1) + r(k)u^2(k) | I^k\}$$

$$= \underset{\theta}{E}\{\underset{x}{E}\{y^2(k+1) + r(k)u^2(k) | \theta, I^k\}\} \qquad (4-26)$$

$$= \sum_{i=1}^{s} q_i(k) J_i(k), k = 0, 1, \cdots, N-1$$

$$J_{TWO}(k) = E\{y^2(k+1) + r(k)u^2(k) + w[y^2(k+2) + r(k+1)u^2(k+1)] | I^k\}$$

$$= J_{ONE}(k) + J_{ONE}(k+1)$$

$$= \sum_{i=1}^{s} q_i(k)[J_i(k) + J_i(k+1)](k = 0, 1, \cdots, N-1) \qquad (4-27)$$

其中：$q_i(k), (k = 1, 2, \cdots, N)$为后验概率。

由文献[13]中的思想，得到对偶控制律：

$$u(k) = \sum_{i=1}^{s} q_i(k) * u_{mi}^*(k)(m = 1, 2) \qquad (4-28)$$

其中：

（1）$m=1$，为一步最小方差控制，即：

$$u_{1i}^{*}=-\frac{\hat{b}_1\Psi^{T}(k+1)\hat{\alpha}}{\hat{b}_1^2+r(k)}\Bigg|_{\theta=\theta_i}(i=1,2,\cdots,s) \tag{4-29}$$

（2）$m=2$，为两步最小方差控制，即：

$$u_{2i}^{*}=-\frac{2ea-bc}{c^2-4ed}\Bigg|_{\theta=\theta_i}(i=1,2,\cdots,s) \tag{4-30}$$

4.2.4 仿真示例

例 3：考虑差分方程：

$$y(k)=a_1y(k-1)+a_2y(k-2)+b_1u(k-1)+b_2u(k-2)+e(k)$$

其中：参数 $\theta=[a_1\ \ a_2\ \ b_1\ \ b_2]\in\Omega=\{\theta_1,\theta_2\}$，$\theta_1=[0.4\ \ 0.2\ \ 1\ \ 0.5]$，$\theta_2=[0.1\ \ -0.6\ \ 0.9\ \ 0.5]$。

两个模型的初始值均为：$x_0=[0.01\ \ 0.05\ \ 0.1\ \ 0]$；$e(k)\sim N(0,0.05)$。

估计误差协方差阵初值：$P=100\mathrm{I}_4$。

仿真结果如图 4-7 至图 4-11 所示。

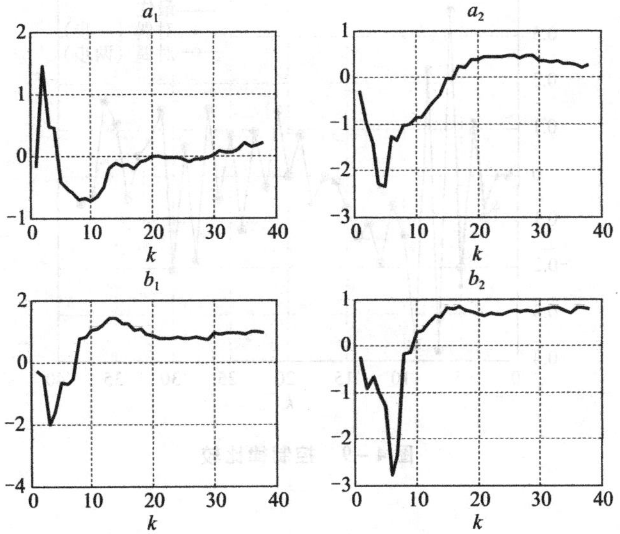

图 4-7　参数辨识结果（模型 1）

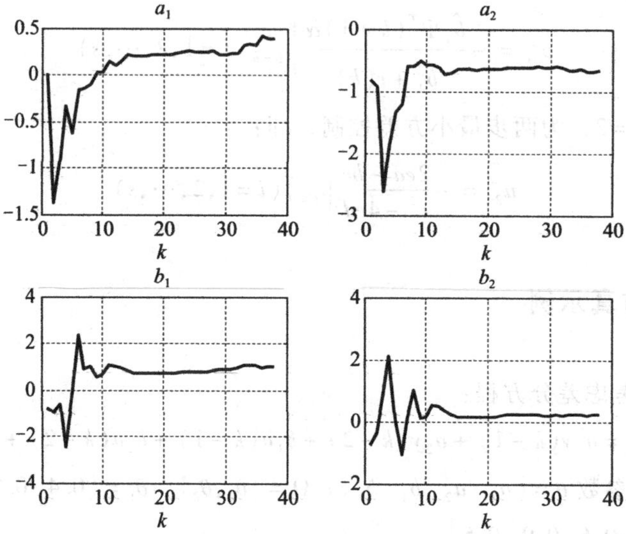

图 4-8　参数辨识结果（模型 2）

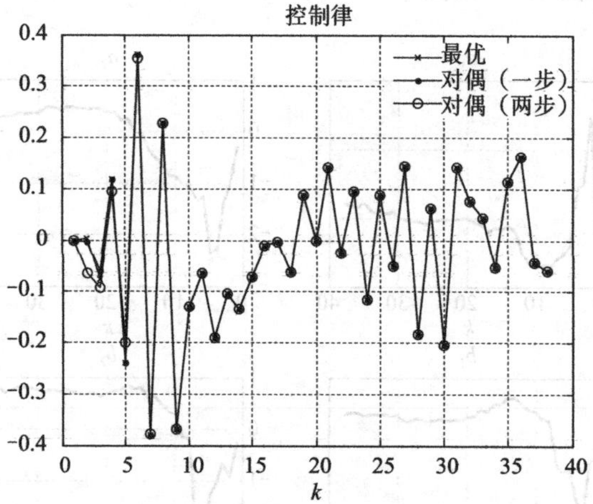

图 4-9　控制律比较

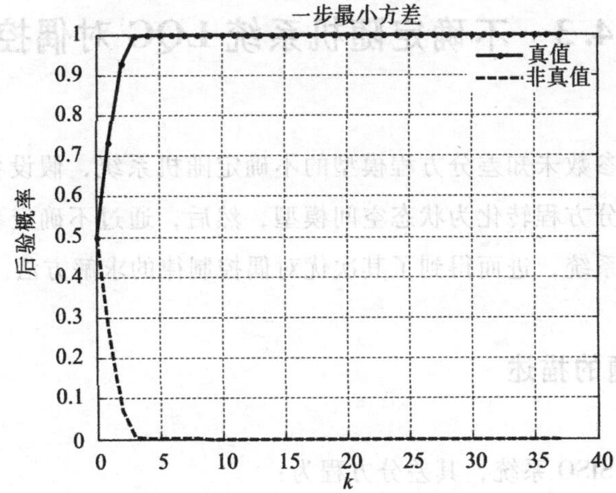

图 4－10　后验概率（一步）

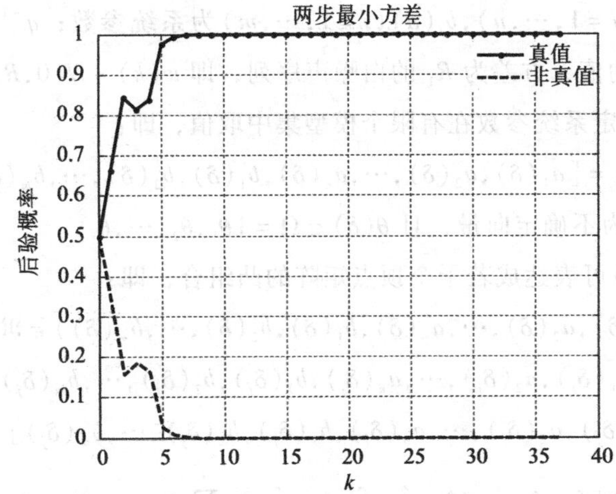

图 4－11　后验概率（两步）

4.3 不确定随机系统LQG对偶控制

本节针对参数未知差分方程模型的不确定随机系统，假设各系数为多胞型模型，将差分方程转化为状态空间模型，然后，通过不确定参数后验概率加权得到增广系统，进而得到了其次优对偶控制律的求解方法。

4.3.1 问题的描述

考虑如下SISO系统，其差分方程为：

$$y(k)=A(q^{-1})y(k)+B(q^{-1})u(k)+w(k) \tag{4-31}$$

其中：$A(q^{-1})=a_1(\delta)q^{-1}+\cdots+a_n(\delta)q^{-n}$；$B(q^{-1})=b_1(\delta)q^{-1}+b_2(\delta)q^{-2}+\cdots+b_m(\delta)q^{-m}(m\leqslant n)$；$y(k)\in R$ 和 $u(k)\in R$ 分别为系统的输出和输入；$a_i(\delta)(i=1,\cdots,n),b_j(\delta)(j=1,\cdots,m)$ 为系统参数；q^{-1} 为后移算子；$\{w(k)\}$ 为零均值、方差为 R_1 的白噪声序列，即 $w(k)\sim N(0,R_1)$。

假设不确定系统参数在有限个模型集中取值，即：

$$\theta(\delta)=[a_1(\delta),a_2(\delta),\cdots,a_n(\delta),b_1(\delta),b_2(\delta),\cdots,b_m(\delta)]$$

其中：δ 为不确定向量，且 $\theta(\delta)\in\Omega=\{\theta_1,\theta_2,\cdots,\theta_s\}$。

假定 $\theta(\delta)$ 可表达成若干个顶点矩阵的凸组合，即：

$$\mathrm{M}=(a_1(\delta),a_2(\delta),\cdots,a_n(\delta),b_1(\delta),b_2(\delta),\cdots,b_m(\delta))\in\Re \tag{4-32}$$

$$\begin{aligned}\Re\equiv\{&[a_1(\delta_j),a_2(\delta_j),\cdots,a_n(\delta_j),b_1(\delta_j),b_2(\delta_j),\cdots,b_m(\delta_j)]\mid\\&[a_1(\delta_j),a_2(\delta_j),\cdots,a_n(\delta_j),b_1(\delta_j),b_2(\delta_j),\cdots,b_m(\delta_j)]\\&=\sum_{i=1}^{l}\delta_i^j[\hat{a}_{1i},\hat{a}_{2i},\cdots,\hat{a}_{ni},\hat{b}_{1i},\hat{b}_{2i},\cdots,\hat{b}_{mi}];\sum_{i=1}^{l}\delta_i^j=1,\delta_i^j\geqslant 0;j=1,2,\cdots,s\}\end{aligned}$$

上述系统（4-31）可表示成如下多胞模型：

$$x(k+1)=A(\delta)x(k)+B(\delta)u(k)+G(\delta)w(k)(k=0,1,\cdots,N-1) \tag{4-33}$$

$$y(k)=Cx(k)+w(k)(k=1,2,\cdots,N) \tag{4-34}$$

其中：

$x(k)=[x_1(k)\quad x_2(k)\quad\cdots\quad x_n(k)]^T\in R^n$；

$$A(\delta)=\begin{bmatrix}a_1(\delta)&1&\cdots&0\\a_2(\delta)&0&\cdots&0\\\vdots&\vdots&\vdots&1\\a_n(\delta)&0&\cdots&0\end{bmatrix};\ B(\delta)=\begin{bmatrix}b_1(\delta)\\\vdots\\b_m(\delta)\\\vdots\\b_n(\delta)\end{bmatrix}b_t(\delta)=0(t=m+1,\cdots,n);$$

$$G(\delta)=\begin{bmatrix}a_1(\delta)\\a_2(\delta)\\\vdots\\a_{n-1}(\delta)\\a_n(\delta)\end{bmatrix};\ C=[1\quad 0\quad\cdots\quad 0];\ w(k)\sim N(0,R_1)。$$

其中：$A(\delta),B(\delta),G(\delta)$可表达成若干个顶点矩阵的凸组合，即：

$$\mathrm{M}=(A(\delta),B(\delta),G(\delta))\in\Re$$

$$\Re\equiv\{A(\delta_j),B(\delta_j),G(\delta_j)\mid A(\delta_j),B(\delta_j),G(\delta_j)$$

$$=\sum_{i=1}^{l}\delta_i^j[\overline{A}_i,\overline{B}_i,\overline{G}_i];\sum_{i=1}^{l}\delta_i^j=1,\delta_i^j\geqslant 0;j=1,2,\cdots,s\}$$

其中：$\overline{A}_i,\overline{B}_i,\overline{G}_i(i=1,2,\cdots,l)$分别为：

$$\overline{A}_i=\begin{bmatrix}\hat{a}_{1i}&1&\cdots&0\\\hat{a}_{2i}&0&\cdots&0\\\vdots&\vdots&\vdots&1\\\hat{a}_{ni}&0&\cdots&0\end{bmatrix},\ \overline{B}_i=\begin{bmatrix}\hat{b}_{1i}\\\vdots\\\hat{b}_{mi}\\\vdots\\\hat{b}_{ni}\end{bmatrix}\hat{b}_{ti}=0,t=m+1,\cdots,n,\ \overline{G}_i=\begin{bmatrix}\hat{a}_{1i}\\\hat{a}_{2i}\\\vdots\\\hat{a}_{(n-1)i}\\\hat{a}_{ni}\end{bmatrix}。$$

对于系统（4－33），建立如下性能指标：

$$\min J=\min E\{x^T(N)Q(N)x(N)+\sum_{k=0}^{N-1}[x^T(k)Q(k)x(k)+u^T(k)R(k)u(k)\mid I^0\}\tag{4-35}$$

其中：$Q(k)\geqslant 0(k=0,1,\cdots,N)$为半正定阵，$R(k)>0(k=0,1,\cdots,N-1)$

为正定阵；I^0 为初始信息。寻找最优控制序列$\{u(k)\}, k=0,1,\cdots,N-1$，使性能指标式（4-35）成立。

4.3.2 对偶控制策略

定义 8：

$$J(k,I^k)=E\{x^T(k)Q(k)x(k)+u^T(k)R(k)u(k)\mid I^k\}\ (k=0,1,\cdots,N-1)$$

$$J(N,I^N)=E\{x^T(N)Q(N)x(N)\mid I^N\}$$

其中：$I^k(k=0,1,\cdots,N)$为 k 时刻的信息。

根据动态规划原理，由定义 8，式（4-3）可进一步写成：

$$\begin{aligned}\min J=&\min_{u(0)}E\{J(0,I^0)+\min_{u(1)}E\{J(1,I^1)+\cdots+\\&\min_{u(k)}E\{J(k,I^k)+\cdots+\min_{u(N-1)}E\{J(N-1,I^{N-1})+\\&J(N,I^N)\mid I^{N-1}\}\cdots\mid I^k\}\cdots\mid I^0\}\end{aligned}\tag{4-36}$$

为表达简洁，假定 $A(\delta_j)=A_j, B(\delta_j)=B_j, G(\delta_j)=G_j(j=1,2,\cdots,s)$。

定义 9：当 $\delta=\delta_j$ 时，阶段 k 的状态估计值：

$$\hat{x}_j(k|k)=E\{x(k)|\delta=\delta_j,I^k\}\ (j=1,2,\cdots,s;k=1,\cdots,N)$$

由 Kalman 滤波器可得：

$$\hat{x}_j(k|k)=\hat{x}_j(k|k-1)+F_j(k)[y_j(k)-C\hat{x}_j(k|k-1)]$$

$$\hat{x}_j(k|k-1)=A_j\hat{x}_j(k-1|k-1)+B_ju(k-1)$$

$$F_j(k)=P_j(k|k-1)C^T[CP_j(k|k-1)C^T+R_2]^{-1}$$

$$P_j(k|k-1)=A_jP_j(k-1|k-1)A_j^T+R_1$$

$$P_j(k|k)=P_j(k|k-1)-F_j(k)CP_j(k|k-1)$$

具有初始条件：$\hat{x}_j(0|0)=\hat{x}(0), P_j(0|0)=P(0)$

定义 10：模型 j 在阶段 k 的后验概率为：

$$q_j(k)=P(\delta=\delta_j|I^k)\ (k=1,2,\cdots,N;\ j=1,2,\cdots,s)\tag{4-37}$$

由 Bayes 公式可计算出后验概率为：

$$q_j(k)=\frac{L_j(k)}{\sum_{t=1}^{s}L_t(k)q_t(k-1)}q_j(k-1)\tag{4-38}$$

其中：初始值为先验概率 $q_j(0)=P(\delta=\delta_j|I^0)$，$j=1,2,\cdots,s$；$L_j(k)(\delta=\delta_j,\ j=1,\cdots s)$ 表示输出的条件概率密度。

假定是正态分布，所以有：

$$L_j(k)=\det[P_y(k|k-1,\delta_j)]^{-\frac{1}{2}}\exp\Big\{-\frac{1}{2}\tilde{y}^T(k|k-1,\delta_j)$$
$$P_y^{-1}(k|k-1,\delta_j)\tilde{y}(k|k-1,\delta_j)\Big\}$$

$$\tilde{y}(k|k-1,\delta_j)=y(k)-C\hat{x}_j(k|k-1)$$

$$P_y(k|k-1,\delta_j)=C_jP_j(k|k-1)C_j^T+R_2$$

而且，$\hat{x}_j(k|k-1)$ 为当参数 $\delta=\delta_j(j=1,2,\cdots,s)$ 时，Kalman 滤波的一步预测估计值。

定义 11：对于 $j=1,2,\cdots,s$ 和 $k=0,1,2,\cdots,N-1$，有：

$$J_j(k,I^k)=E\{x^T(k)Q(k)x(k)+u^T(k)R(k)u(k)\,|\,\delta_j,I^k\}\tag{4-39}$$

$$J_j(N,I^N)=E\{x^T(N)Q(N)x(N)\,|\,\delta_j,I^N\}\tag{4-40}$$

由定义 8 和定义 11，则有：

$$\begin{aligned}J(k,I^k)&=E\{x^T(k)Q(k)x(k)+u^T(k)R(k)u(k)\,|\,I^k\}\\&=\underset{\delta}{E}\{\underset{x}{E}\{x^T(k)Q(k)x(k)+u^T(k)R(k)u(k)\,|\,\delta,I^k\}\,|\,I^k\}\\&=\sum_{j=1}^{s}q_j(k)J_j(k,I^k),\ k=0,1,\cdots,N-1\end{aligned}$$

$$\begin{aligned}J(N,I^N)&=E\{x^T(N)Q(N)x(N)\,|\,I^N\}\\&=\underset{\delta}{E}\{\underset{x}{E}\{x^T(N)Q(N)x(N)\,|\,\delta,I^N\}\,|\,I^N\}\\&=\sum_{j=1}^{s}q_j(N)J_j(N,I^N)\end{aligned}$$

其中：$q_j(k)$，$(k=1,2,\cdots,N;\ j=1,2,\cdots,s)$ 为式（4-38）中不确定参数向量 δ 的后验概率。

令：

$$X(k)=[x_1^T(k),x_2^T(k),\cdots,x_s^T(k)]^T$$

其中：$x_j(k)$，$j=1,2,\cdots,s$ 分别为第 j 个模型的状态向量。

由于 $\sum_{j=1}^{s} q_j(k)=1(k=0,1,2,\cdots,N)$，以及 $u(k)$ 在阶段 k 保持不变，则：

$$J(k,I^k)=\sum_{j=1}^{s} q_j(k)J_j(k,I^k)$$

$$=E\left\{\sum_{j=1}^{s}[x^T(k)q_j(k)Q(k)x(k)+q_j(k)u^T(k)R(k)u(k)]\,|\,\delta_j,I^k\right\}$$

$$=E\{X^T(k)\tilde{Q}(k)X(k)+u^T(k)R(k)u(k)\,|\,I^k\}$$

$$k=0,1,\cdots,N-1 \tag{4-41}$$

$$J(N,I^N)=\sum_{j=1}^{s} q_j(N)J_j(N,I^N) \tag{4-42}$$

$$=E\{X^T(N)\tilde{Q}(N)X(N)\,|\,I^N\}$$

其中：

$\tilde{Q}(k)=\mathrm{diag}(q_1(k)Q(k),q_2(k)Q(k),\cdots,q_s(k)Q(k)),(k=0,1,\cdots,N)$。

于是，性能指标（4－36）可转化为：

$$\min J=\min_{u(0)}E\left\{\sum_{j=1}^{s} q_j(0)J_j(0,I^0)+\min_{u(1)}E\left\{\sum_{j=1}^{s} q_1(1)J_1(1,I^1)+\cdots+\right.\right.$$

$$\min_{u(k)}E\left\{\sum_{j=1}^{s} q_j(k)J_j(k,I^k)+\cdots+\min_{u(N-1)}E\left\{\sum_{j=1}^{s} q_j(N-1)J_j(N-1,I^{N-1})+\right.\right.$$

$$\left.\left.\left.\left.\sum_{j=1}^{s} q_j(N)J_j(N,I^N)\,|\,I^{N-1}\right\}\cdots|\,I^k\right\}\cdots|\,I^0\right\}$$

$$=\min E\left\{X^T(N)\tilde{Q}(N)X(N)+\sum_{k=0}^{N-1}[X^T(k)\tilde{Q}(k)X(k)+\right.$$

$$\left.u^T(k)R(k)u(k)\,|\,I^0]\right\} \tag{4-43}$$

系统（4－43）的增广系统为：

$$X(k+1)=\tilde{A}X(k)+\tilde{B}u(k)+\tilde{G}w(k)(k=0,1,\cdots,N-1)$$
$$Y(k)=\tilde{C}X(k)+Dw(k)(k=1,2,\cdots,N) \tag{4-44}$$

其中：$Y(k)=[y_1^T(k),y_2^T(k),\cdots,y_s^T(k)]^T$，$y_j(k)(j=1,2,\cdots,s)$ 为第 j 个模型的输出向量。

$\widetilde{A}=\text{diag}(A_1,A_2,\cdots,A_s)$，$\widetilde{B}=[B_1^T,B_2^T,\cdots,B_s^T]^T$，$\widetilde{G}=[G_1^T,G_2^T,\cdots,G_s^T]^T$，

$\widetilde{C}=\text{diag}(C_1,C_2,\cdots,C_s)$，$D=[I,I,\cdots,I]^T$。

对于系统（4－44），求满足性能指标（4－43）的最优控制律。于是，由动态规划，可得：

$$u^*(k)=-\Gamma(k)\hat{X}(k),(k=0,1,\cdots,N-1) \quad (4-45)$$

其中：$\Gamma(k)=-G^{-1}(k)\widetilde{B}^TS(k+1)\widetilde{A}$；$G(k)=\widetilde{B}^TS(k+1)\widetilde{B}+R(k)$；

$S(k)=\widetilde{A}^TS(k+1)\widetilde{A}+\widetilde{Q}(k)-\Gamma^T(k)G(k)\Gamma(k)$。

具有边界条件：$S(N)=\widetilde{Q}(N)$。

且：

$$\hat{X}(k)=[\hat{x}_1(k|k),\hat{x}_2(k|k),\cdots,\hat{x}_s(k|k)]^T$$

其中：$\hat{x}_j(k|k),(j=1,2,\cdots,s)$ 为由 Kalman 滤波器得到的阶段 k 的状态估计值。

不确定性随机系统对偶控制实现步骤分为离线部分和在线部分。

（1）离线部分。

步骤 1：取 $k=1$，不确定参数取 $\delta=\delta_j(j=1,2\cdots,s)$，由 kalman 滤波器计算模型 j 在阶段 k 的状态估计值 $\hat{x}_j(k|k)$，一步预测 $\hat{x}_j(k|k-1)$ 及一步预测误差 $P_j(k,k-1)$ 和输出预测误差 $P_y(k,k-1,\delta_j)$。

步骤 2：计算增广系统（4－44）的系统矩阵、输入矩阵、量测矩阵 $\widetilde{A}$，$\widetilde{B}$，$\widetilde{C}$。

步骤 3：计算式（4－45）中的控制增益 $\Gamma(k)$。

步骤 4：计算 $k\to k+1$，重复步骤（1）～(3)，直到 k 取 N 时为止。

（2）在线部分。

步骤 1：取 $k=1$，由式（4－37）、式（4－38），计算模型 j 在阶段 k 的后验概率 $q_j(k)$。

步骤 2：计算式（4－41）、式（4－42）中的加权阵 $\widetilde{Q}(k)$。

步骤 3：由式（4－45）得到阶段 k 得最优控制律 $u^*(k)$。

步骤 4：计算 $k\to k+1$，重复步骤 1～3，直到 k 取 $N-1$ 时为止。

4.3.3 仿真示例

例 4：设系统模型为：

$$y(k)=a_1(\delta)y(k-1)+b_1(\delta)u(k-1)+w(k)$$

其中：$[a_1(\delta)\quad b_1(\delta)]=\sum_{i=1}^{2}\delta_i^j[\hat{a}_{1i}\quad \hat{b}_{1i}]$。

且 $[\hat{a}_{11}\quad \hat{b}_{11}]=[1\quad 0.5]$，$[\hat{a}_{12}\quad \hat{b}_{12}]=[0.6\quad 0.2]$。

假设 $\delta_1^1=1,\delta_2^1=0,\delta_1^2=0.1,\delta_2^2=0.9$，$E\{w^Tw\}=0.01$。

转换成状态方程：

$$x(k+1)=A_jx(k)+B_ju(k)+G_jw(k)(j=1,2;k=0,1,\cdots,N-1)$$

$$y(k)=Cx(k)+v(k)(k=1,2,\cdots,N)$$

其中：$[A_j\quad B_j\quad G_j]=\sum_{i=1}^{2}\delta_i^j[\overline{A}_i\quad \overline{B}_i\quad \overline{G}_i]$，$\sum_{i=1}^{2}\delta_i^j=1$，$j=1,2$，$C=[1\quad 0]$，$[\overline{A}_1\quad \overline{B}_1\quad \overline{G}_1]=[1\quad 0.5\quad 1]$，$[\overline{A}_2\quad \overline{B}_2\quad \overline{G}_2]=[0.6\quad 0.2\quad 0.6]$。

取 $\overline{A}_1,\overline{B}_1,\overline{G}_1$ 为系统的真值，则：

$$[A_1\quad B_1\quad G_1]=[1\quad 0.5\quad 1]，[A_2\quad B_2\quad G_2]=[0.64\quad 0.23\quad 1]$$

于是，模型的增广系统为：

$$X(k+1)=\widetilde{A}X(k)+\widetilde{B}u(k)+\widetilde{G}v(k)(j=1,2;k=0,1,\cdots,N-1)$$

$$Y(k)=\widetilde{C}X(k)+Dv(k)(k=1,2,\cdots,N)$$

其中：$X(k)=[x_1^T(k)\quad x_2^T(k)]^T$，$Y(k)=[y_1(k),\ y_2(k)]^T$，$\widetilde{A}=\mathrm{diag}(A_1,A_2)=\begin{bmatrix}1 & 0\\ 0 & 0.64\end{bmatrix}$，$\widetilde{B}=[B_1,B_2]^T=[0.5\quad 0.23]^T$，$\widetilde{G}=[1\quad 0.64]^T$，$\widetilde{C}=[1\quad 1]$，$D=1$，$\widetilde{Q}(k)=\mathrm{diag}(q_1(k)Q,q_2(k)Q)$，$Q=1$，$R=1$。

目标是寻找控制序列 $\{u(k)\}(k=0,1,\cdots,N-1)$，使以下性能指标成立：

$$\min J=\min E\{X^T(N)\widetilde{Q}(N)X(N)+\sum_{k=0}^{N-1}[X^T(k)\widetilde{Q}(k)X(k)+Ru^2(k)]\}(N=50)$$

性能指标如表 4－1 所示。图 4－12 所示为各模型后验概率变化趋势，图 4－13 所示为最优控制序列和对偶控制序列的变化情况。从图 4－21 可以看出，第 1 步，真值的后验概率与非真值的后验概率已明显分开，此时即可得到系统的真实参数；大约在第 3 步时，真值的后验概率达到 1，非真值的后验概率为零，该算法已经收敛。从图 4－13 可知，第 3 步以后，对偶控制信号与最优控制信号趋于一致，说明此时系统达到预期的控制要求。图 4－14 所示为性能指标变化趋势。

表 4－1　　性能指标比较

方法	本文的方法	最优控制
性能指标	1.8152	1.4775（下限）

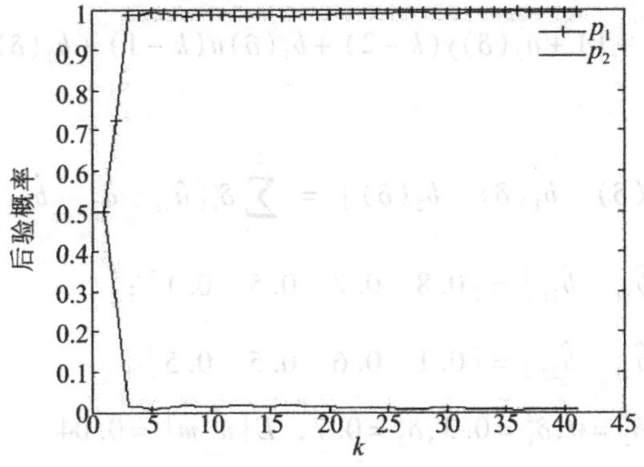

图 4－12　各模型后验概率变化趋势（q_1 为真值的后验概率）

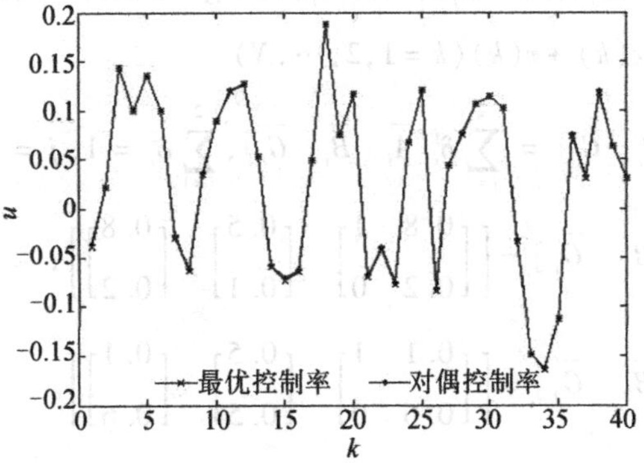

图 4－13　最优控制序列和对偶控制序列的变化情况

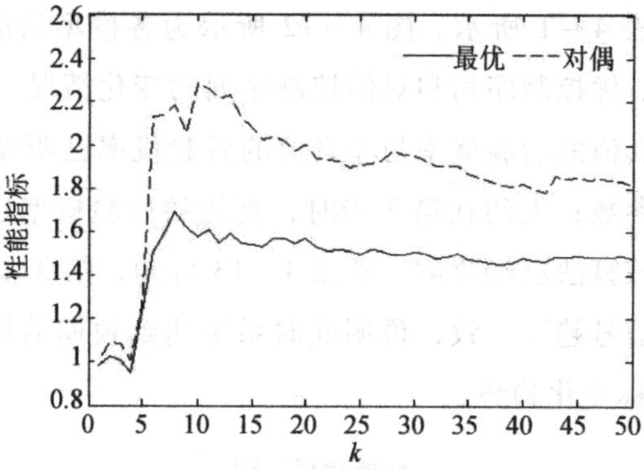

图 4-14　性能指标变化趋势

例 5：设系统模型为：

$$y(k)=a_1(\delta)y(k-1)+a_2(\delta)y(k-2)+b_1(\delta)u(k-1)+b_2(\delta)u(k-2)+w(k)$$

其中：

$$[a_1(\delta)\quad a_2(\delta)\quad b_1(\delta)\quad b_2(\delta)]=\sum_{i=1}^{2}\delta_i^j[\hat{a}_{1i}\quad \hat{a}_{2i}\quad \hat{b}_{1i}\quad \hat{b}_{2i}];$$

$$[\hat{a}_{11}\quad \hat{a}_{21}\quad \hat{b}_{11}\quad \hat{b}_{21}]=[0.8\quad 0.2\quad 0.5\quad 0.1];$$

$$[\hat{a}_{12}\quad \hat{a}_{22}\quad \hat{b}_{12}\quad \hat{b}_{22}]=[0.1\quad 0.6\quad 0.5\quad 0.5]。$$

假设 $\delta_1^1=1,\delta_2^1=0,\delta_1^2=0.3,\delta_2^2=0.7$，$E\{w^Tw\}=0.04$。

转换成状态方程：

$$x(k+1)=A_jx(k)+B_ju(k)+G_jw(k)(j=1,2;k=0,1,\cdots,N-1)$$

$$y(k)=Cx(k)+v(k)(k=1,2,\cdots,N)$$

其中：$[A_j\quad B_j\quad G_j]=\sum_{i=1}^{2}\delta_i^j[\overline{A}_i\quad \overline{B}_i\quad \overline{G}_i],\sum_{i=1}^{2}\delta_i^j=1,j=1,2,C=[1\quad 0]$；

$$[\overline{A}_1\quad \overline{B}_1\quad \overline{G}_1]=\left[\begin{bmatrix}0.8&1\\0.2&0\end{bmatrix}\quad\begin{bmatrix}0.5\\0.1\end{bmatrix}\quad\begin{bmatrix}0.8\\0.2\end{bmatrix}\right];$$

$$[\overline{A}_2\quad \overline{B}_2\quad \overline{G}_2]=\left[\begin{bmatrix}0.1&1\\0.6&0\end{bmatrix}\quad\begin{bmatrix}0.5\\0.5\end{bmatrix}\quad\begin{bmatrix}0.1\\0.6\end{bmatrix}\right]。$$

取 $\overline{A}_1,\overline{B}_1,\overline{G}_1$ 为系统的真值，则：

$$[A_1 \quad B_1 \quad G_1] = \left[\begin{bmatrix}0.8 & 1\\0.2 & 0\end{bmatrix} \begin{bmatrix}0.5\\0.1\end{bmatrix} \begin{bmatrix}0.8\\0.2\end{bmatrix}\right];$$

$$[A_2 \quad B_2 \quad G_2] = \left[\begin{bmatrix}0.31 & 1\\0.48 & 0\end{bmatrix} \begin{bmatrix}0.5\\0.38\end{bmatrix} \begin{bmatrix}0.31\\0.48\end{bmatrix}\right]。$$

于是，模型的增广系统为：

$$X(k+1) = \tilde{A}X(k) + \tilde{B}u(k) + \tilde{G}v(k) \ (j=1,2,k=0,1,\cdots,N-1)$$

$$Y(k) = \tilde{C}X(k) + Dv(k)\ (k=1,2,\cdots,N)$$

其中：

$X(k) = [x_1^T(k) \quad x_2^T(k)]^T$； $Y(k) = [y_1(k), y_2(k)]^T$；

$$\tilde{A} = \mathrm{diag}(A_1, A_2) = \begin{bmatrix}0.8 & 1 & 0 & 0\\0.2 & 0 & 0 & 0\\0 & 0 & 0.31 & 1\\0 & 0 & 0.48 & 0\end{bmatrix};$$

$\tilde{B} = [B_1, B_2]^T = [0.5, 0.1, 0.5, 0.38]^T$； $\tilde{G} = [0.8 \quad 0.2 \quad 0.31 \quad 0.48]^T$；

$$\tilde{C} = \mathrm{diag}(C, C) = \begin{bmatrix}1 & 0 & 0 & 0\\0 & 0 & 1 & 0\end{bmatrix};\ D = [1,1]^T;$$

$$\tilde{Q}(k) = \mathrm{diag}(q_1(k)Q, q_2(k)Q);\ Q = \begin{bmatrix}1 & 0\\0 & 1\end{bmatrix};\ R = 1。$$

目标是寻找控制序列$\{u(k)\}(k=0,1,\cdots,N-1)$，使以下性能指标成立：

$$\min J = \min E\left\{X^T(N)\tilde{Q}(N)X(N) + \sum_{k=0}^{N-1}[X^T(k)\tilde{Q}(k)X(k) + Ru^2(k)]\right\}$$

$$(N = 50)$$

性能指标比较如表 4－2 所示。

表 4－2　　性能指标比较

方法	本文的方法	最优控制
性能指标	13.8059	12.1517（下限）

图 4－15 所示为各模型后验概率变化趋势，图 4－16 所示为最优控制序列和对偶控制序列的变化情况。从图 4－15 可以看出，从第 1 步到第 6 步，真值的后验概率经历了下降到上升的过程，第 7 步，真值的后验概率与非真值的后验概率已明显分开，此时即可得到系统的真实参数；大约在第 12 步时，真值的后验概率达到 1，非真值的后验概率为零，该算法已经收敛。从图 4－16 可以看出，第 7 步以后，对偶控制信号与最优控制信号趋于一致，说明此时系统达到预期的控制要求。图 4－17 所示为性能指标变化趋势。

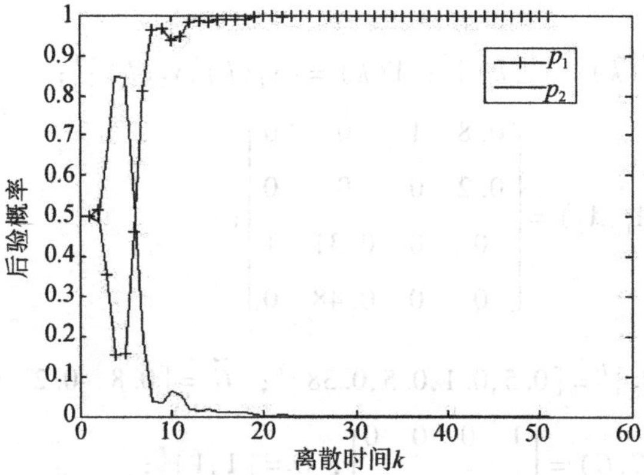

图 4－15　各模型后验概率变化趋势（q_1 为真值的后验概率）

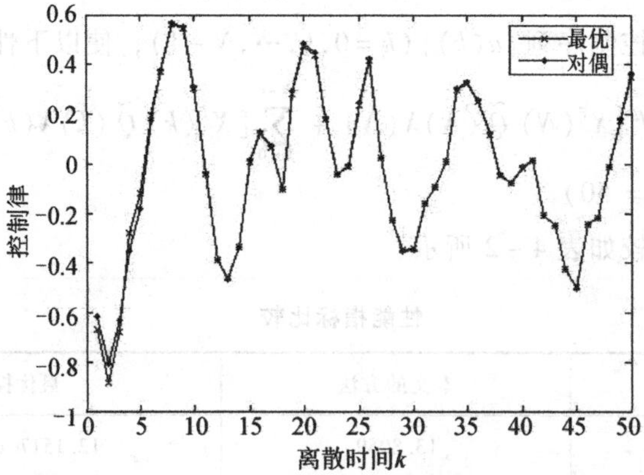

图 4－16　最优控制序列和对偶控制序列的变化情况

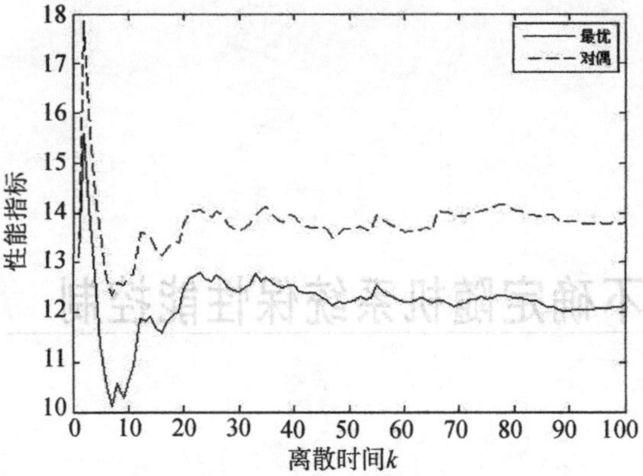

图 4－17　性能指标变化趋势

4.4　本章小结

本章首先对未知参数 SISO 差分方程随机系统的自适应控制进行了研究。经典的自适应 DUL 算法只能在状态方程下适用，而且其系统矩阵、控制矩阵等含有未知参数的矩阵是无规律可循的。对于含有未知参数的差分方程表示的系统，为了进行自适应控制，将原来的差分方程转换成状态空间模型，变成用 DUL 算法能够求解的形式，进而得到系统次优对偶控制序列。仿真结果表明，该方法能有效地接解决参数未知差分方程的对偶自适应控制。其次，对于参数未知 SISO 差分方程随机系统，未知参数在有限模型集中取值，分别求取各模型的一步和两步最小方差控制律，根据 DUL 算法，通过各模型后验概率加权得到次优对偶控制律。最后，针对不确定随机系统状态空间模型为多胞型的情况进行了对偶控制的研究。假设多胞型模型的不确定参数存在于一个有限模型集中，当取定其中一组值时，系统变成确定性的，可以用 LQG 方法得到最优控制；针对集合中不同的参数值，各个模型变成确定的，通过求取各模型参数的后验概率，使原来的系统变成后验概率加权的增广系统，运用动态规划得到增广系统的控制律；由于增广系统的状态变量为 Kalman 滤波后的估计值，根据确定性等价原理，此时得到的系统的控制律应为次优控制律。通过仿真算例得到了满意的结果。

第5章 不确定随机系统保性能控制

本章应用线性矩阵不等式（LMI）方法，研究了不确定随机系统具有输出反馈的保性能控制，并进行了仿真计算。

5.1 不确定连续随机系统保性能控制

5.1.1 问题的描述

考虑一类不确定连续随机系统状态空间模型如下：

$$\begin{aligned} \dot{x}(t) &= (A+\Delta A)x(t)+(B+\Delta B)u(t)+w_1(t) \\ y(t) &= (C+\Delta C)x(t)+(D+\Delta D)u(t)+w_2(t) \end{aligned} \tag{5-1}$$

其中：$x(t)\in R^n$、$u(t)\in R^m$ 和 $y\in R^l$ 分别为系统状态向量、输入向量和输出向量；$w_1\in R^n$ 和 $w_2\in R^l$ 分别为系统噪声和量测噪声，假设均为高斯白噪声，即：$w_1\sim N(0,V_1)$、$w_2\sim N(0,V_2)$，且 w_1、w_2 相互独立；A,B,C,D 为已知适当维数实常数矩阵；$\Delta A,\Delta B,\Delta C,\Delta D$ 是反映系统模型中不确定性的未知实矩阵，假定其是范数有界的，且具有以下形式：

$$\begin{bmatrix} \Delta A & \Delta B \\ \Delta C & \Delta D \end{bmatrix}=\begin{bmatrix} H_1 \\ H_2 \end{bmatrix}F[E_1 \quad E_2]$$

其中：F 是一个满足 $F^TF \leqslant I$ 的不确定矩阵，H_1、H_2、E_1 和 E_2 是已知的适当维数常数矩阵，反映了不确定参数的结构信息。

假定系统（5－1）满足性能指标：

$$J = \lim_{T \to \infty} E\left\{ \frac{1}{T} \int_0^T [x^T(t) Q x(t) + u^T(t) R u(t)] dt \right\} \tag{5-2}$$

其中：$Q = Q^T \geqslant 0$ 和 $R = R^T > 0$ 分别是对称半正定和对称正定加权矩阵。

设计输出反馈控制器：

$$\begin{aligned} \dot{\hat{x}}(t) &= A_c \hat{x}(t) + B_c y(t) \\ u(t) &= C_c \hat{x}(t) \end{aligned} \tag{5-3}$$

其中：$\hat{x}(t) \in R^n$，使对所有允许的参数不确定性，闭环系统是渐近稳定的。相应的闭环系统为：

$$\dot{\bar{x}}(t) = (\bar{A} + \bar{H} F \bar{E}) \bar{x}(t) + \bar{B} \bar{w}(t) \tag{5-4}$$

其中：$\bar{x} = \begin{bmatrix} x(t) \\ \hat{x}(t) \end{bmatrix}$；$\bar{w} = \begin{bmatrix} V_1^{-\frac{1}{2}} w_1 \\ V_2^{-\frac{1}{2}} w_2 \end{bmatrix}$；$\bar{A} = \begin{bmatrix} A & BC_c \\ B_c C & A_c + B_c D C_c \end{bmatrix}$；$\bar{H} = \begin{bmatrix} H_1 \\ B_c H_2 \end{bmatrix}$；

$\bar{E} = [E_1 \quad E_2 C_c]$；$\bar{B} = \begin{bmatrix} V_1^{\frac{1}{2}} & 0 \\ 0 & B_c V_2^{\frac{1}{2}} \end{bmatrix}$。

闭环性能指标为：

$$J = \lim_{T \to \infty} E\left\{ \frac{1}{T} \int_0^T \bar{x}^T(t) \tilde{Q} \bar{x}(t) dt \right\} \tag{5-5}$$

其中：$\tilde{Q} = \begin{bmatrix} Q & 0 \\ 0 & C_c^T R C_c \end{bmatrix}$。

5.1.2 定理和主要结果

定义1：二次稳定。

对于不确定连续随机系统（5－1），如果存在正定对称阵 $P > 0$，以致：

$$(A + H_1 F E_1)^T P + P(A + H_1 F E_1) < 0 \tag{5-6}$$

并且，$F^T F \leqslant I$，那么，不确定随机系统（5－1）是二次稳定的；同理，对于不确定连续随机系统（5－1），具有式（5－3）表示的输出反馈控制器构成闭环系统（5－4），如果存在正定对称阵 $P>0$，以致：

$$(\overline{A}+\overline{H}F\overline{E})^T P+P(\overline{A}+\overline{H}F\overline{E})<0 \tag{5-7}$$

那么，闭环系统（5－4）是二次稳定的。

定义2：对于不确定连续随机系统（5－1）和性能指标（5－2），如果存在对称正定矩阵 $\overline{Q}>0$，以致使闭环系统（5－4）满足：

$$(\overline{A}+\overline{H}F\overline{E})\overline{Q}+\overline{Q}\,(\overline{A}+\overline{H}F\overline{E})^T+\overline{B}\,\overline{B}^T<0 \tag{5-8}$$

那么，输出反馈控制器（5－3）是二次保性能控制器。

引理1：给定适当维数矩阵 Y、D 和 E，其中：Y 是对称的，则：

$$Y+DFE+E^T F^T D^T<0$$

对所有满足 $F^T F\leqslant I$ 的矩阵 F 成立，当且仅当存在一个常数 $\varepsilon>0$，使：

$$Y+\varepsilon DD^T+\varepsilon^{-1}E^T E<0$$

引理2：矩阵的 Schur 补性质。

对给定的对称矩阵 $S=\begin{bmatrix} S_{11} & S_{12} \\ S_{21} & S_{22} \end{bmatrix}$，以下三个条件是等价的：

（i）$S<0$；

（ii）$S_{11}<0, S_{22}-S_{21}S_{11}^{-1}S_{12}<0$；

（iii）$S_{22}<0, S_{11}=S_{12}S_{22}^{-1}S_{21}<0$。

推论1：闭环系统（5－4）是二次稳定的，如果存在对称正定矩阵 $P>0$ 和一个常数 $\varepsilon_1>0$，以致：

$$\overline{A}^T P+P\overline{A}+\varepsilon_1 P\overline{H}\,\overline{H}^T P+\varepsilon_1^{-1}\overline{E}^T\overline{E}<0 \tag{5-9}$$

上式等价于：

$$\begin{bmatrix} \overline{A}^T P+P\overline{A} & P\overline{H} & \overline{E}^T \\ \overline{H}^T P & -\varepsilon_1^{-1}I & 0 \\ \overline{E} & 0 & -\varepsilon_1 I \end{bmatrix})<0 \tag{5-10}$$

证明：如果闭环系统（5－4）是二次稳定的，根据定义1的式（5－7），有：

$$(\overline{A}+\overline{H}\overline{F}\overline{E})^TP+P(\overline{A}+\overline{H}\overline{F}\overline{E})=\overline{A}^TP+P\overline{A}+\overline{E}^TF^T\overline{H}^TP+P\overline{H}\overline{F}\overline{E}<0$$

由引理1，可得式（5-9）。

由引理2，可得：

$$\begin{bmatrix}\overline{A}^TP+P\overline{A} & P\overline{H}\\ \overline{H}^TP & -\varepsilon_1^{-1}I\end{bmatrix}+\varepsilon_1^{-1}\begin{bmatrix}\overline{E}^T\\ 0\end{bmatrix}[\overline{E}\quad 0]<0$$

进而可得式（5-10）。

推论2：闭环系统（5-4）是二次保性能稳定的，如果存在对称正定矩阵 $\overline{Q}>0$ 和一个常数 $\varepsilon_2>0$，以致：

$$\overline{A}\,\overline{Q}+\overline{Q}\,\overline{A}^T+\overline{B}\,\overline{B}^T+\varepsilon_2\overline{H}\,\overline{H}^T+\varepsilon_2^{-1}\overline{Q}\,\overline{E}^T\,\overline{E}\,\overline{Q}<0 \qquad (5-11)$$

证明：由于闭环系统（5-4）是二次保性能稳定的，由定义2，可得：

$$(\overline{A}+\overline{H}\overline{F}\overline{E})\overline{Q}+\overline{Q}(\overline{A}+\overline{H}\overline{F}\overline{E})^T+\overline{B}\,\overline{B}^T=\overline{A}\,\overline{Q}+\overline{Q}\,\overline{A}^T+\overline{H}\overline{F}\overline{E}\,\overline{Q}+\overline{Q}\,\overline{E}^TF^T\overline{H}^T+\overline{B}\,\overline{B}^T<0$$

由引理1，可得式（5-11）。

定理1：对于不确定连续随机系统（5-1）和性能指标（5-2），如果输出反馈控制器（5-3）是二次保性能控制器且相应的闭环系统（5-4）是二次稳定，那么，存在对称正定矩阵 $Q>0$，使性能指标（5-2）满足上界：

$$J<tr\left\{\begin{bmatrix}Q & 0\\ 0 & C_c^TRC_c\end{bmatrix}\overline{Q}\right\}=tr(\tilde{C}\,\overline{Q}\,\tilde{C}^T) \qquad (5-12)$$

其中：$\tilde{C}=\begin{bmatrix}Q^{\frac{1}{2}} & 0\\ 0 & R^{\frac{1}{2}}C_c\end{bmatrix}$；符号 $tr(\cdot)$ 表示矩阵的迹。

证明：在闭环系统（5-4）中，假设初始条件 $\overline{x}(0)$ 为随机向量，具有方差矩阵：

$$E\{\overline{x}(0)\overline{x}^T(0)\}=Q_0\geqslant 0$$

在时刻 t 的状态协方差阵为：

$$\overline{Q}_{\Delta}(t,0) \equiv E\{\overline{x}(t)\overline{x}^{T}(t)\}$$

$$= \Phi(t,0)Q_0\Phi^{T}(t,0) + \int_0^t \Phi(t,\tau)\overline{B}\,\overline{B}^{T}\Phi^{T}(t,\tau)d\tau$$

其中：$\Phi(t,\tau)$ 为状态转移矩阵，即：$\Phi(t,\tau) = e^{(\overline{A}+\overline{H}F\overline{E})(t-\tau)}$。

令 η 为任意给定向量，$\eta \in R^{2n}$，于是：

$$\int_0^t \eta^{T}\Phi(t,\tau)\overline{B}\,\overline{B}^{T}\Phi^{T}(t,\tau)\eta d\tau = \int_0^t \eta^{T}(\tau)\overline{B}\,\overline{B}^{T}\eta(\tau)d\tau$$

其中：$\eta(\tau) = \Phi^{T}(t,\tau)\eta$ 为如下状态方程的解：

$$\dot{\eta}(\tau) = -[\overline{A} + \overline{H}F\overline{E}]^{T}\eta(\tau)$$

易知，$\eta(t) = \Phi^{T}(t,t)\eta = \eta$，令 $V(\eta(\tau)) = \eta^{T}(\tau)\overline{Q}\eta(\tau)$，则：

$$\dot{V}(\eta(\tau)) = \dot{\eta}^{T}(\tau)\overline{Q}\eta(\tau) + \eta^{T}(\tau)\overline{Q}\dot{\eta}(\tau)$$

$$= -\eta^{T}(\tau)[\overline{A} + \overline{H}F\overline{E}]\overline{Q}\eta(\tau) - \eta^{T}(\tau)\overline{Q}[\overline{A} + \overline{H}F\overline{E}]^{T}\eta(\tau)$$

$$= -\eta^{T}(\tau)\{[\overline{A} + \overline{H}F\overline{E}]\overline{Q} + \overline{Q}[\overline{A} + \overline{H}F\overline{E}]^{T}\}\eta(\tau) > \eta^{T}(\tau)\overline{B}\,\overline{B}^{T}\eta(\tau)$$

于是：

$$\int_0^t \eta^{T}(\tau)\overline{B}\,\overline{B}^{T}\eta(\tau)d\tau < V(\eta(t)) - V(\eta(0)) = \eta^{T}\overline{Q}\eta - \eta^{T}(0)\overline{Q}\eta(0)$$

因此：

$$\eta^{T}\overline{Q}_{\Delta}(t,0)\eta < \eta^{T}\Phi(t,0)Q_0\Phi^{T}(t,0)\eta + \eta^{T}\overline{Q}\eta - \eta^{T}(0)\overline{Q}\eta(0)$$

$$\leqslant \eta^{T}\Phi(t,0)Q_0\Phi^{T}(t,0)\eta + \eta^{T}\overline{Q}\eta$$

对所有 $\eta \in R^{2n}$，有：

$$\overline{Q}_{\Delta}(t,0) < \Phi(t,0)Q_0\Phi^{T}(t,0) + \overline{Q}$$

于是，闭环系统（5-4）的性能指标：

$$J = \lim_{T\to\infty} E\left\{\frac{1}{T}\int_0^T [x^{T}(t)Qx(t) + u^{T}(t)Ru(t)]dt\right\}$$

$$= \lim_{T\to\infty}\frac{1}{T}\int_0^T E\left\{\begin{bmatrix} x(t) \\ \hat{x}(t)\end{bmatrix}^{T}\begin{bmatrix} Q & 0 \\ 0 & C_c^{T}RC_c\end{bmatrix}\begin{bmatrix} x(t) \\ \hat{x}(t)\end{bmatrix}\right\}dt$$

$$= \lim_{T\to\infty}\frac{1}{T}\int_0^T tr\left\{\begin{bmatrix} Q & 0 \\ 0 & C_c^{T}RC_c\end{bmatrix}\overline{Q}_{\Delta}(t,0)\right\}dt$$

由于，闭环系统（5-4）是二次稳定的，故：

$$\lim_{T\to\infty}\frac{1}{T}\int_0^T tr\left\{\begin{bmatrix} Q & 0 \\ 0 & C_c^T R C_c \end{bmatrix}\Phi(t,0)Q_0\Phi^T(t,0)\right\}dt=0$$

进一步可得式（5-12）。定理得证。

定理2：闭环系统（5-4）是二次保性能稳定的，如果存在对称正定矩阵 $X,Y>0$，和矩阵 $\hat{A},\hat{B},\hat{C}$ 和常数 $\varepsilon_2>0$，以致：

$$\begin{bmatrix} A^TX+XA+C^T\hat{B}^T+\hat{B}C & \hat{A}^T+A^T & XV_1^{\frac{1}{2}} & \hat{B}V_2^{\frac{1}{2}} & XH_1+\hat{B}H_2 & E_1^T \\ \hat{A}+A & YA^T+AY+B\hat{C}+\hat{C}^TB^T & V_1^{\frac{1}{2}} & 0 & H_1 & YE_1^T+\hat{C}^TE_2^T \\ V_1^{\frac{1}{2}}X & V_1^{\frac{1}{2}} & -I & 0 & 0 & 0 \\ V_2^{\frac{1}{2}}\hat{B}^T & 0 & 0 & -I & 0 & 0 \\ H_1^TX+H_2^T\hat{B}^T & H_1^T & 0 & 0 & -\varepsilon_2 I & 0 \\ E_1 & E_1Y+E_2\hat{C} & 0 & 0 & 0 & -\varepsilon_2^{-1}I \end{bmatrix}<0$$

（5-13）

其中：$\hat{A}=YA^TX+NC_c^TB^TX+YC^TB_c^TM^T+N(A_c^T+C_c^TD^TB_c^T)M^T$；$\hat{B}=MB_c$；$\hat{C}=C_cN^T$。

证明：在式（5-11）中，将矩阵 $\overline{Q}$ 和它的逆矩阵 $\overline{Q}^{-1}$ 分块：

$$\overline{Q}=\begin{bmatrix} Y & N \\ N^T & * \end{bmatrix}\quad \overline{Q}^{-1}=\begin{bmatrix} X & M \\ M^T & * \end{bmatrix}$$

其中：$X,Y\in R^{n\times n}$ 是对称矩阵；“ * ”表示为任意矩阵。

从等式 $\overline{Q}\,\overline{Q}^{-1}=I$ 可得：

$$\overline{Q}\begin{bmatrix} X \\ M^T \end{bmatrix}=\begin{bmatrix} I \\ 0 \end{bmatrix}$$

进一步可得：

$$\overline{Q}\begin{bmatrix} X & I \\ M^T & 0 \end{bmatrix}=\begin{bmatrix} I & Y \\ 0 & N^T \end{bmatrix}$$

定义 3：$F_1=\begin{bmatrix} X & I \\ M^T & 0 \end{bmatrix}, F_2=\begin{bmatrix} I & Y \\ 0 & N^T \end{bmatrix}$。

则 $\overline{Q}F_1=F_2$，进一步利用矩阵的运算，可得：

$$F_1^T\overline{Q}\,\overline{A}^TF_1=F_2^T\overline{A}^TF_1=\begin{bmatrix} A^TX+C^TB_c^TM^T & A^T \\ YA^TX+NC_c^TB^TX + YC^TB_c^TM^T + N(A_c^T+C_c^TD^TB_c^T)M^T & YA^T + NC_c^TB^T \end{bmatrix}$$

$$F_1^T\overline{H}=\begin{bmatrix} XH_1+\hat{B}H_2 \\ H_1 \end{bmatrix}$$

$$\overline{E}F_2=\begin{bmatrix} E_1 & E_1Y+E_2C_cN^T \end{bmatrix}$$

$$F_1^T\overline{B}=\begin{bmatrix} XV_1^{\frac{1}{2}} & \hat{B}V_2^{\frac{1}{2}} \\ V_1^{\frac{1}{2}} & 0 \end{bmatrix}$$

由引理 2，式（5－11）可进一步表示成：

$$\begin{bmatrix} \overline{A}\,\overline{Q}+\overline{Q}\,\overline{A}^T & \overline{B} & \overline{H} & \overline{Q}\,\overline{E}^T \\ \overline{B}^T & -I & 0 & 0 \\ \overline{H}^T & 0 & -\varepsilon_2 I & 0 \\ \overline{E}\,\overline{Q} & 0 & 0 & -\varepsilon_2^{-1}I \end{bmatrix}<0$$

对上式左边的矩阵分别左乘矩阵 $\mathrm{diag}\{F_1^T,I,I,I\}$ 和右乘矩阵 $\mathrm{diag}\{F_1,I,I,I\}$，可得式（5－13）。

在得到矩阵 X 和 Y 的值后，可以通过矩阵 $I-XY$ 的奇异值分解来得到满秩矩阵 M 和 N。控制器参数矩阵可以通过以下公式得到：

$$C_c=\hat{C}(N^T)-1$$

$$B_c=M^{-1}\hat{B}$$

$$A_c=N^{-1}(\hat{A}-YA^TX)M^{-T}-C_c^TB^TXM^{-T}-N^{-1}YC^TB_c^T-C_c^TD^TB_c^T$$

定理得证。

定理3：对于不确定连续系统（5－1）和性能指标（5－2），如果以下优化问题：

$$\min_{\varepsilon_2, X, Y, \hat{A}, \hat{B}, \hat{C}, G} \quad tr(G)$$

$$\text{(i)}\, s.t \quad \begin{bmatrix} G & \begin{bmatrix} Q^{\frac{1}{2}} & Q^{\frac{1}{2}}Y \\ 0 & R^{\frac{1}{2}}\hat{C} \end{bmatrix} \\ \begin{bmatrix} Q^{\frac{1}{2}} & Q^{\frac{1}{2}}Y \\ 0 & R^{\frac{1}{2}}\hat{C} \end{bmatrix}^T & \begin{bmatrix} X & I \\ I & Y \end{bmatrix} \end{bmatrix} > 0 \tag{5-14}$$

（ii） 式(5－13)

其有一个解 $\varepsilon_2^*, X^*, Y^*, \hat{A}^*, \hat{B}^*, \hat{C}^*, G^*$，则输出反馈控制器（5－3）是一个使性能指标（5－12）具有最小上界 $tr(G^*)$的二次保性能控制律。

证明：若闭环系统（5－4）存在式（5－12）表示的性能指标的上界，即：

$$J < tr\left\{\begin{bmatrix} Q & 0 \\ 0 & C_c^T R C_c \end{bmatrix} \overline{Q}\right\} = tr(\tilde{C}\,\overline{Q}\,\tilde{C}^T)$$

且存在对称正定矩阵 G，使 $\tilde{C}\,\overline{Q}\,\tilde{C}^T < G$，由 schur 补引理，易得：

$$\begin{bmatrix} G & \tilde{C}\,\overline{Q} \\ \overline{Q}\,\tilde{C}^T & \overline{Q} \end{bmatrix} > 0$$

令 F_1 与定理2证明时的假设相同，给上式左边的矩阵两边左乘对角阵 $\mathrm{diag}\{I, F_1^T\}$，右乘对角阵 $\mathrm{diag}\{I, F_1\}$，可得式（5－14）中的条件(i)。根据定理2，当条件(ii)成立时，得到的输出反馈控制律使闭环系统（5－4）是二次保性能稳定的。当条件（i）和（ii）同时满足时，得到的输出反馈控制器（5－3）是一个使性能指标（5－12）具有最小上界 $tr(G^*)$的二次保性能控制律。定理得证。

5.1.3 仿真研究

考虑模型(5－1)，其中：$A=\begin{bmatrix}1&1&1\\0&-1&0\\-10&-1&-2\end{bmatrix}$，$B=\begin{bmatrix}1\\1\\1\end{bmatrix}$，$C=\begin{bmatrix}1\\0\\0\end{bmatrix}^T$，$D=0$，

$H_1=\begin{bmatrix}-0.01\\0\\0\end{bmatrix}$，$E_1=\begin{bmatrix}1\\0\\-1\end{bmatrix}^T$，$E_2=0$，$H_2=1$，$V_1=\begin{bmatrix}0.05&0&0\\0&0.01&0\\0&0&0.1\end{bmatrix}$，$V_2=0.1$。

要求设计式（5－3）表示的输出反馈控制器，使性能准则（5－12）具有最小上界。式（5－12）中的加权矩阵：

$$Q=\begin{bmatrix}100&0&0\\0&10&0\\0&0&1\end{bmatrix},R=1$$

由定理3，对于给定的 ε，应用 LMI 工具箱中的求解器 mincx 求解该问题。进一步，对不同的 ε 值重复这一过程，可得 ε 和与之相应的目标函数值。计算可知，当 $\varepsilon=2.90$，相应的目标函数存在最小上界，即 $J<241.05$。此时，对应的对称正定阵 X,Y 如下：

$$X=\begin{bmatrix}21.0496&3.4010&3.5311\\3.4010&29.1802&2.0173\\3.5311&2.0173&2.2749\end{bmatrix}>0$$

$$Y=\begin{bmatrix}0.4251&-0.4618&0.3173\\-0.4618&5.2899&-0.6533\\0.3173&-0.6533&8.7416\end{bmatrix}>0$$

由于 $MN^T=I-XY$，故对 $I-XY$ 进行奇异值分解，可得：

$$M=\begin{bmatrix}-0.8355&0.0479&0.5474\\-0.5495&-0.0813&-0.8315\\0.0047&-0.9955&0.0943\end{bmatrix}$$

$$N=\begin{bmatrix} 0 & 0 & -13.6969 \\ 87.6256 & 19.4724 & 121.1480 \\ 29.2347 & 16.8848 & -21.3884 \end{bmatrix}$$

进而，可设计出式（5-3）表示的输出反馈控制器，其中：

$$A_c=\begin{bmatrix} -11.9952 & 27.0921 & 3.6856 \\ -3.0686 & 5.1176 & 1.2118 \\ 3.8661 & -10.7903 & -2.1483 \end{bmatrix}$$

$$B_c=\begin{bmatrix} 0.1134 \\ -0.0414 \\ -0.0866 \end{bmatrix}$$

$$C_c=\begin{bmatrix} -0.4091 \\ 0.7607 \\ 0.1523 \end{bmatrix}^T$$

闭环系统（5-4）的标称系统矩阵为：

$$\overline{A}=\begin{bmatrix} A & BC_c \\ B_cC & A_c+B_cDC_c \end{bmatrix}$$

代入数据后，可求得其特征值为：

$$-0.5069\pm2.7810i,\ -4.0009\pm3.3541i,\ -1.0102,\ -1.0$$

显然，闭环系统稳定。

闭环系统（5-4）各状态变量变化趋势如图5-1（a）和图5-1（b）所示。

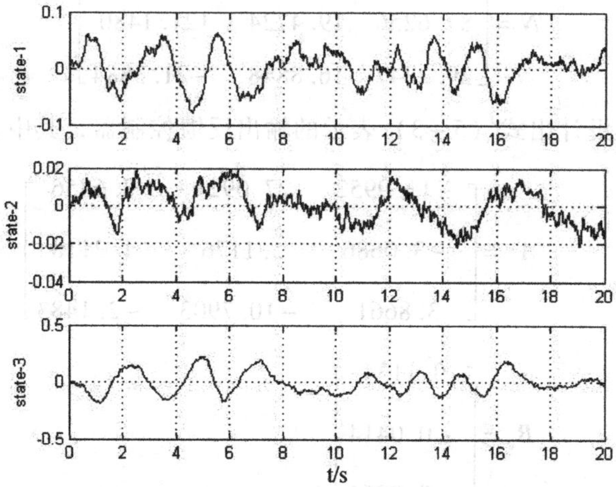

图 5-1（a） $\bar{x}(1),\bar{x}(2),\bar{x}(3)$ 变化趋势

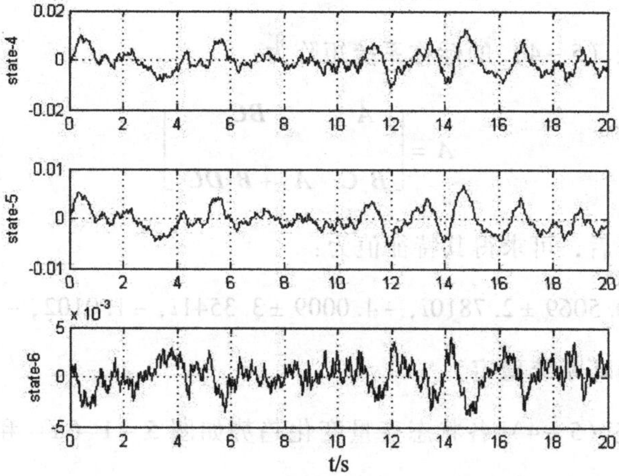

图 5-1（b） $\bar{x}(4),\bar{x}(5),\bar{x}(6)$ 变化趋势

5.2 不确定离散随机系统保性能控制

本节针对范数有界不确定离散随机系统，应用LMI方法，研究了系统具有输出反馈控制器的保性能控制，并进行了仿真计算。

5.2.1 问题的提出

考虑如下形式的状态空间模型：

$$\begin{aligned} x(t+1) &= (A+\Delta A)x(t)+(B+\Delta B)u(t)+w_1(t) \\ y(t) &= (C+\Delta C)x(t)+(D+\Delta D)u(t)+w_2(t) \end{aligned} \tag{5-15}$$

其中：$x(t)\in R^n$、$u(t)\in R^m$ 和 $y\in R^l$ 分别为系统状态向量、输入向量和输出向量，$w_1\in R^n$ 和 $w_2\in R^l$ 分别为系统噪声和量测噪声，假设均为高斯白噪声，即：$w_1\sim N(0,V_1),w_2\sim N(0,V_2)$，且 w_1,w_2 相互独立；A,B,C,D 为已知适当维数实常数矩阵；$\Delta A,\Delta B,\Delta C,\Delta D$ 是反映系统模型中不确定性的未知实矩阵，假定其是范数有界的，且具有以下形式：

$$\begin{bmatrix} \Delta A & \Delta B \\ \Delta C & \Delta D \end{bmatrix} = \begin{bmatrix} H_1 \\ H_2 \end{bmatrix} F[E_1 \quad E_2]$$

其中：F 是一个满足 $F^TF\leqslant I$ 的不确定矩阵，H_1,H_2,E_1 和 E_2 是已知的适当维数常数矩阵，反映了不确定参数的结构信息。

性能指标：

$$J = \lim_{N\to\infty}\frac{1}{N}E\left\{\sum_{t=0}^{N}\left[x^T(t)Qx(t)+u^T(t)Ru(t)\right]\right\} \tag{5-16}$$

存在输出反馈控制器

$$\begin{aligned} \hat{x}(t+1) &= A_c\hat{x}(t)+B_c y(t) \\ u(t) &= C_c\hat{x}(t) \end{aligned} \tag{5-17}$$

则闭环系统为：

$$\bar{x}(t+1)=(\bar{A}+\bar{H}F\bar{E})\bar{x}(t)+\bar{B}\bar{w}(t) \tag{5-18}$$

其中：$\bar{x}=\begin{bmatrix} x(t) \\ \hat{x}(t) \end{bmatrix}$，$\bar{w}=\begin{bmatrix} V_1^{-\frac{1}{2}}w_1 \\ V_2^{-\frac{1}{2}}w_2 \end{bmatrix}$，$\bar{A}=\begin{bmatrix} A & BC_c \\ B_cC & A_c+B_cDC_c \end{bmatrix}$，$\bar{H}=\begin{bmatrix} H_1 \\ B_cH_2 \end{bmatrix}$，

$\bar{E}=[E_1 \quad E_2C_c]$，$\bar{B}=\begin{bmatrix} V_1^{\frac{1}{2}} & 0 \\ 0 & B_cV_2^{\frac{1}{2}} \end{bmatrix}$。

相应的闭环性能指标：

$$J=\lim_{N\to\infty}\frac{1}{N}E\left\{\sum_{t=0}^{N}[\bar{x}^T(t)\tilde{Q}\bar{x}(t)]\right\} \tag{5-19}$$

其中：$\tilde{Q}=\begin{bmatrix} Q & 0 \\ 0 & C_c^TRC_c \end{bmatrix}$。

5.2.2 定理和主要结果

定义4：二次稳定。

对于不确定离散系统（5－15），如果存在正定对称阵 $P>0$，以致：

$$(A+H_1FE_1)^TP(A+H_1FE_1)-P<0 \tag{5-20}$$

并且，$F^TF\leqslant I$，则认为离散系统（5－15）是二次稳定的。

同理，对于不确定离散系统（5－15），如果存在一个输出反馈控制器（5－17），使闭环系统（5－18）满足：

$$(\bar{A}+\bar{H}F\bar{E})^TP(\bar{A}+\bar{H}F\bar{E})-P<0 \tag{5-21}$$

则闭环系统（5－18）是二次稳定的。

定义5：对于不确定离散系统（5－15）和性能指标（5－16），如果存在正定矩阵 $\bar{Q}>0$，以致：

$$(\bar{A}+\bar{H}F\bar{E})\bar{Q}(\bar{A}+\bar{H}F\bar{E})^T-\bar{Q}+\bar{B}\bar{B}^T<0 \tag{5-22}$$

则输出反馈控制器（5－17）是二次保性能控制器。

推论3：对于闭环系统（5-18），如果存在正定矩阵 $P>0$ 和一个常数 $\varepsilon_1>0$，以致：

$$\begin{bmatrix} -P & P(\overline{A}+\overline{H}F\overline{E}) \\ (\overline{A}+\overline{H}F\overline{E})^T P & -P \end{bmatrix}<0 \tag{5-23}$$

则闭环系统（5-18）是二次稳定的。

证明：对于式（5-20），由引理2的性质（ii），即可得式（5-23）。

推论4：对于闭环系统（5-18），如果存在正定矩阵 $\overline{V}>0$，以致：

$$\begin{bmatrix} -\overline{V} & (\overline{A}+\overline{H}F\overline{E})^T\overline{V} \\ \overline{V}(\overline{A}+\overline{H}F\overline{E}) & -\overline{V}+\overline{V}\,\overline{B}\,\overline{B}^T\overline{V} \end{bmatrix}<0 \tag{5-24}$$

则闭环系统（5-18）是二次保性能稳定的。

证明：对于式（5-22），由引理2的性质（ii），即可得：

$$\begin{bmatrix} -\overline{Q} & \overline{Q}\,(\overline{A}+\overline{H}F\overline{E})^T \\ (\overline{A}+\overline{H}F\overline{E})\overline{Q} & -\overline{Q}+\overline{B}\,\overline{B}^T \end{bmatrix}<0$$

进一步，给上式左边矩阵分别左乘和右乘对角阵 $\mathrm{diag}(\overline{Q}^{-1},\overline{Q}^{-1})$，且令 $\overline{V}=\overline{Q}^{-1}$，则可得式（5-24）。

引理3：离散随机系统状态转移阵的性质。

对于离散随机系统：

$$x(t+1)=\Phi(t+1,t)x(t)+w(t)$$

其中：$x(t)\in R^n$ 为状态向量，$w(t)\in R^n$ 为噪声向量，$\Phi(t+1,t)\in R^{n\times n}$ 为状态转移阵。

状态转移阵 $\Phi(t_2,t_1)$ 具有下列性质：

(i) $\Phi(t,t)=I$;

(ii) $\Phi(t_3,t_2)\Phi(t_2,t_1)=\Phi(t_3,t_1)$;

(iii) $\Phi^{-1}(t_2,t_1)=\Phi(t_1,t_2)$。

定理4：对于不确定离散系统（5-15）和性能指标（5-16），如果存在正定矩阵 $\overline{Q}>0$，使输出反馈控制器（5-17）是二次保性能控制器，则相应的闭环系统（5－18）二次稳定且性能指标（5－16）满足上界：

$$J < tr\left\{\begin{bmatrix} Q & 0 \\ 0 & C_c^T R C_c \end{bmatrix}\overline{Q}\right\} = tr(\widetilde{C}\,\overline{Q}\,\widetilde{C}^T) \tag{5-25}$$

其中：$\widetilde{C} = \begin{bmatrix} Q^{\frac{1}{2}} & 0 \\ 0 & R^{\frac{1}{2}} C_c \end{bmatrix}$；符号 $tr(\cdot)$ 表示矩阵的迹。

证明：在闭环系统（5－18）中，显然，$\overline{w}(t) \sim N(0,1)$，假定初始条件为 $\overline{x}(0)$，且 $E\{\overline{x}(0)\overline{x}^T(0)\} = Q_0 \geqslant 0$。

在时刻 t 状态协方差阵为：

$$\overline{Q}_{\Delta}(t,0) = E\{\overline{x}(t)\overline{x}^T(t)\}$$

根据引理 1 的性质（ii），可得：

$$\overline{x}(t) = \Phi(t,t-1)\overline{x}(t-1) + \overline{w}(t-1) = \Phi(t,0)\overline{x}(0) + \sum_{i=1}^{t} \Phi(t,i)\overline{B}\overline{w}(i-1)$$

其中：$\Phi(t,0) = (\overline{A} + \overline{H}F\overline{E})^t = \widetilde{A}^t$，$\Phi(t,i) = (\overline{A} + \overline{H}F\overline{E})^{t-i} = \widetilde{A}^{t-i}$；

$\overline{Q}_{\Delta}(t,0) = \Phi(t,0)Q_0\Phi^T(t,0) + \sum_{i=1}^{t}\Phi(t,i)\overline{B}\,\overline{B}^T\Phi^T(t,i)$。

假定在时刻 t 固定，且令 η 为任意给定向量，$\eta \in R^{2n}$，于是存在如下表达式：

$$\sum_{i=1}^{t} \eta^T\Phi(t,i)\overline{B}\,\overline{B}^T\Phi^T(t,i)\eta = \sum_{i=1}^{t}\eta^T(i)\overline{B}\,\overline{B}^T\eta(i)$$

其中：$\eta(i) = \Phi^T(t,i)\eta, i = 0,1,\cdots,t$ 为如下状态方程的解：

$$\eta(i+1) = \widetilde{A}^{-T}\eta(i)$$

令 $V(\eta(i)) = \eta^T(i)\overline{Q}\eta(i)$，则：

$$V(\eta(i+1)) - V(\eta(i)) = \eta^T(i+1)\overline{Q}\eta(i+1) - \eta^T(i)\overline{Q}\eta(i)$$

$$= \eta^T(i)\widetilde{A}^{-1}\overline{Q}\widetilde{A}^{-T}\eta(i) - \eta^T(i)\overline{Q}\eta(i) > \eta^T(i)\widetilde{A}^{-1}\overline{B}\,\overline{B}^T\widetilde{A}^{-T}\eta(i)$$

$$= \eta^T(i+1)\overline{B}\,\overline{B}^T\eta(i+1)$$

于是：

$$\sum_{i=1}^{t}\eta^T(i)\overline{B}\,\overline{B}^T\eta(i) < \sum_{i=1}^{t}[V(\eta(i)) - V(\eta(i-1))] =$$

$$V(\eta(t)) - V(\eta(0)) = \eta^T(t)\overline{Q}\eta(t) - \eta^T(0)\overline{Q}\eta(0)$$

则：

$$\eta^T\overline{Q}_\Delta(t,0)\eta < \eta^T\Phi(t,0)Q_0\Phi^T(t,0)\eta + \eta^T(t)\overline{Q}\eta(t) - \eta^T(0)\overline{Q}\eta(0) <$$

$$\eta^T\Phi(t,0)Q_0\Phi^T(t,0)\eta + \eta^T(t)\overline{Q}\eta(t)$$

由于 $\eta(t) = \Phi^T(t,t)\eta = \eta$，故上式可进一步表示成：

$$\eta^T\overline{Q}_\Delta(t,0)\eta < \eta^T\Phi(t,0)Q_0\Phi^T(t,0)\eta + \eta^T\overline{Q}\eta$$

由于上式对所有 $\eta \in R^{2n}$ 成立，故有：

$$\overline{Q}_\Delta(t,0) \leqslant \Phi(t,0)Q_0\Phi^T(t,0) + \overline{Q}$$

于是，闭环系统（5－18）的性能指标：

$$\lim_{N\to\infty}\frac{1}{N}E\left\{\sum_{t=0}^{N}[x^T(t)Qx(t) + u^T(t)Ru(t)]\right\}$$

$$= \lim_{N\to\infty}\frac{1}{N}\sum_{t=0}^{N}E\left\{\begin{bmatrix}x(t)\\ \hat{x}(t)\end{bmatrix}^T\begin{bmatrix}Q & 0\\ 0 & C_c^TRC_c\end{bmatrix}\begin{bmatrix}x(t)\\ \hat{x}(t)\end{bmatrix}\right\}$$

$$= \lim_{N\to\infty}\frac{1}{N}\sum_{t=0}^{N}tr\left\{\begin{bmatrix}Q & 0\\ 0 & C_c^TRC_c\end{bmatrix}\overline{Q}_\Delta(t,0)\right\} <$$

$$\lim_{N\to\infty}\frac{1}{N}\sum_{t=0}^{N}tr\left\{\begin{bmatrix}Q & 0\\ 0 & C_c^TRC_c\end{bmatrix}\Phi(t,0)Q_0\Phi^T(t,0)\right\} + tr\left\{\begin{bmatrix}Q & 0\\ 0 & C_c^TRC_c\end{bmatrix}\overline{Q}\right\}$$

由于，闭环系统（5－18）是二次稳定的，故：

$$\lim_{N\to\infty}\frac{1}{N}\sum_{t=0}^{N}tr\left\{\begin{bmatrix}Q & 0\\ 0 & C_c^TRC_c\end{bmatrix}\Phi(t,0)Q_0\Phi^T(t,0)\right\} = 0$$

故性能指标满足：

$$J < tr\left\{\begin{bmatrix}Q & 0\\ 0 & C_c^TRC_c\end{bmatrix}\overline{Q}\right\} = tr(\tilde{C}^T\tilde{C}\overline{Q}) = tr(\tilde{C}\overline{Q}\tilde{C}^T)$$

定理 5：离散随机系统（5－15）存在输出反馈二次保性能控制器（5－

17），当且仅当存在标量 $\varepsilon>0$，对称正定矩阵 X 和 Y，矩阵 $\hat{A},\hat{B}$ 和 $\hat{C}$，使：

$$\begin{bmatrix} -X & -I & XA^T+\hat{C}^TB^T & \hat{A}^T \\ -I & -Y & A^T & A^TY+C^T\hat{B}^T \\ AX+B\hat{C} & A & -X & -I \\ \hat{A} & YA+\hat{B}C & -I & -Y \\ E_1X+E_2\hat{C} & E_1 & 0 & 0 \\ 0 & V_1^{\frac{1}{2}} & V_1^{\frac{1}{2}}Y & 0 \\ 0 & 0 & V_2^{\frac{1}{2}}\hat{B}^T & 0 \\ 0 & H_1^T & H_1^TY+H_2^T\hat{B}^T & 0 \end{bmatrix} \rightarrow \tag{5-26}$$

$$\leftarrow \begin{bmatrix} XE_1^T+\hat{C}^TE_2^T & 0 & 0 & 0 \\ E_1^T & 0 & 0 & 0 \\ 0 & V_1^{\frac{1}{2}} & 0 & 0 \\ 0 & YV_1^{\frac{1}{2}} & \hat{B}V_2^{\frac{1}{2}} & YH_1+\hat{B}H_2 \\ -\varepsilon_2 I & 0 & 0 & 0 \\ 0 & -I & 0 & 0 \\ 0 & 0 & -I & 0 \\ 0 & 0 & 0 & -I \end{bmatrix} < 0$$

证明：在式（5－24）中，将矩阵 $\bar{V}$ 和它的逆矩阵 $\bar{V}^{-1}$ 分块：

$$\bar{V}=\begin{bmatrix} Y & N \\ N^T & * \end{bmatrix},\bar{V}^{-1}=\begin{bmatrix} X & M \\ M^T & * \end{bmatrix}$$

其中：$X,Y\in R^{n\times n}$ 是对称矩阵；“ * ”为任意对称矩阵。

从等式 $\bar{V}\bar{V}^{-1}=I$ 可得 $\bar{V}\begin{bmatrix} X \\ M^T \end{bmatrix}=\begin{bmatrix} I \\ 0 \end{bmatrix}$，进一步可得 $\bar{V}\begin{bmatrix} X & I \\ M^T & 0 \end{bmatrix}=\begin{bmatrix} I & Y \\ 0 & N^T \end{bmatrix}$。

定义：$F_1=\begin{bmatrix} X & I \\ M^T & 0 \end{bmatrix},F_2=\begin{bmatrix} I & Y \\ 0 & N^T \end{bmatrix}$，则 $\bar{V}F_1=F_2$。

由式（5-24）可得：

$$\begin{bmatrix} -\overline{V} & \overline{A}^T\overline{V} \\ \overline{V}\overline{A} & -\overline{V}+\overline{V}\,\overline{B}\,\overline{B}^T\overline{V} \end{bmatrix}+\begin{bmatrix} 0 & \overline{E}^T\Delta^T\overline{H}^T\overline{V} \\ \overline{V}\overline{H}\Delta\overline{E} & 0 \end{bmatrix}<0$$

令：

$$\Theta=\begin{bmatrix} -\overline{V} & \overline{A}^T\overline{V} \\ \overline{V}\overline{A} & -\overline{V}+\overline{V}\,\overline{B}\,\overline{B}^T\overline{V} \end{bmatrix}$$

则上式可进一步表示成：

$$\Theta+\begin{bmatrix} 0 \\ \overline{V}\overline{H} \end{bmatrix}\Delta\begin{bmatrix} \overline{E} & 0 \end{bmatrix}+\begin{bmatrix} \overline{E} & 0 \end{bmatrix}^T\Delta^T\begin{bmatrix} 0 \\ \overline{V}\overline{H} \end{bmatrix}^T<0$$

由引理3，可得：

$$\Theta+\varepsilon_2\begin{bmatrix} 0 \\ \overline{V}\overline{H} \end{bmatrix}\begin{bmatrix} 0 \\ \overline{V}\overline{H} \end{bmatrix}^T+\varepsilon_2^{-1}\begin{bmatrix} \overline{E} & 0 \end{bmatrix}^T\begin{bmatrix} \overline{E} & 0 \end{bmatrix}<0$$

即：

$$\begin{bmatrix} -\overline{V}+\varepsilon_2^{-1}\overline{E}^T\overline{E} & \overline{A}^T\overline{V} \\ \overline{V}\overline{A} & -\overline{V}+\overline{V}\,\overline{B}\,\overline{B}^T\overline{V}+\varepsilon_2\overline{V}\,\overline{H}\,\overline{H}^T\overline{V} \end{bmatrix}<0$$

进一步：

$$\begin{bmatrix} -\overline{V} & \overline{A}^T\overline{V} & \overline{E}^T & 0 & 0 \\ \overline{V}\overline{A} & -\overline{V} & 0 & \overline{V}\overline{B} & \overline{V}\overline{H} \\ \overline{E} & 0 & -\varepsilon_2 I & 0 & 0 \\ 0 & \overline{B}^T\overline{V} & 0 & -I & 0 \\ 0 & \overline{H}^T\overline{V} & 0 & 0 & -\varepsilon_2^{-1}I \end{bmatrix}<0$$

对上式左边的矩阵分别左乘矩阵 $\mathrm{diag}\{F_1^T,F_1^T,I,I,I\}$ 和右乘矩阵 $\mathrm{diag}\{F_1,F_1,I,I,I\}$。进一步利用矩阵的运算，可得：

$$F_1^T\overline{V}F_1=F_2^TF_1=\begin{bmatrix} X & I \\ I & Y \end{bmatrix}$$

$$F_1^T\overline{V}\,\overline{A}F_1 = F_2^T\overline{A}F_1 = \begin{bmatrix} AX + BC_cM^T & A \\ YAX + NB_cCX \\ + YBC_cM^T & YA \\ + N(A_c + B_cDC_c)M^T & + NB_cC \end{bmatrix}$$

令：

$$\hat{A} = YAX + \hat{B}CX + YB\hat{C} + NA_cM^T + \hat{B}D\hat{C}$$

$$\hat{B} = NB_c$$

$$\hat{C} = C_cM^T$$

则：

$$F_1^T\overline{V}\,\overline{A}F_1 = F_2^T\overline{A}F_1 = \begin{bmatrix} AX + B\hat{C} & A \\ \hat{A} & YA + \hat{B}C \end{bmatrix}$$

同样地，

$$\overline{E}F_1 = \begin{bmatrix} E_1X + E_2\hat{C} & E_1 \end{bmatrix}$$

$$\overline{B}^T\overline{V}F_1 = \overline{B}^TF_2 = \begin{bmatrix} V_1^{\frac{1}{2}} & V_1^{\frac{1}{2}}Y \\ 0 & V_2^{\frac{1}{2}}\hat{B}^T \end{bmatrix}$$

$$\overline{H}^T\overline{V}F_1 = \overline{H}^TF_2 = \begin{bmatrix} H_1^T & H_1^TY + H_2^T\hat{B}^T \end{bmatrix}$$

于是可得式（5－26）。

在得到矩阵 X 和 Y 的值后，由于 $MN^T = I - XY$，可以通过矩阵 $I - XY$ 的奇异值分解来得到满秩矩阵 M 和 N。控制器参数矩阵可以通过下式得到：

$$C_c = \hat{C}M^{-T}$$

$$B_c = N^{-1}\hat{B}$$

$$A_c = N^{-1}(\hat{A} - YAX)M^{-T} - B_cCXM^{-T} - N^{-1}YBC_c - B_cDC_c$$

定理得证。

定理6：对于不确定离散随机系统（5-15）和性能指标（5-16），如果以下优化问题：

$$\min_{\varepsilon_2,X,Y,\hat{A},\hat{B},\hat{C},G} \quad tr(G)$$

$$(\mathrm{i})s.t \begin{bmatrix} G & \begin{bmatrix} Q^{\frac{1}{2}}X & Q^{\frac{1}{2}} \\ R^{\frac{1}{2}}\hat{C} & 0 \end{bmatrix} \\ \begin{bmatrix} Q^{\frac{1}{2}}X & Q^{\frac{1}{2}} \\ R^{\frac{1}{2}}\hat{C} & 0 \end{bmatrix}^T & \begin{bmatrix} X & I \\ I & Y \end{bmatrix} \end{bmatrix} > 0 \tag{5-27}$$

(ii)　式(5-26)

其有一个解 $\varepsilon_2^*, X^*, Y^*, \hat{A}^*, \hat{B}^*, \hat{C}^*, G^*$，则输出反馈控制器（5-17）是一个使性能指标（5-25）具有最小上界 $tr(G^*)$的二次保性能控制律。

证明：若闭环系统（5-18）存在式（5-25）表示的性能指标的上界，即：

$$J < tr\left\{\begin{bmatrix} Q & 0 \\ 0 & C_c^T R C_c \end{bmatrix}\overline{Q}\right\} = tr(\tilde{C}\,\overline{Q}\,\tilde{C}^T)$$

其中：$\tilde{C} = \begin{bmatrix} Q^{\frac{1}{2}} & 0 \\ 0 & R^{\frac{1}{2}}C_c \end{bmatrix}$。

且存在对称正定矩阵 G，使 $\tilde{C}\,\overline{Q}\,\tilde{C}^T < G$，令 $\overline{V} = \overline{Q}^{-1}$，由 schur 补引理，易得：

$$\begin{bmatrix} G & \tilde{C} \\ \tilde{C}^T & \overline{V} \end{bmatrix} > 0$$

令 F_1 与定理5证明时的假设相同，给上式左边的矩阵两边，左乘对角阵 $\mathrm{diag}\{I, F_1^T\}$，右乘对角阵 $\mathrm{diag}\{I, F_1\}$，可得式（5-27）中的条件(i)。根据定理5，当条件(ii)成立时，得到的输出反馈控制律使闭环系统（5-18）

是二次保性能稳定的。当条件（i）和（ii）同时满足时，得到的输出反馈控制器（5－17）是一个使性能指标（5－25）具有最小上界 trace(G^*)的二次保性能控制律。定理得证。

5.2.3 仿真示例

将 5.1.3 中的仿真模型离散化（采样周期为 $T_s=0.1s$），得到 5.2.1 节中的模型（5－15）。其中：

$$A=\begin{bmatrix}-0.4537 & 0.0763 & 0.0763\\ 0 & 0.3679 & 0\\ -0.7628 & -1.0504 & -0.6826\end{bmatrix};B=\begin{bmatrix}0.8413\\ 0.6321\\ -2.7745\end{bmatrix};C=\begin{bmatrix}1\\ 0\\ 0\end{bmatrix}^T;D=0;$$

$$H_1=\begin{bmatrix}-0.01\\ 0\\ 0\end{bmatrix};E_1=\begin{bmatrix}1\\ 0\\ -1\end{bmatrix}^T;E_2=0;H_2=1;V_1=\begin{bmatrix}0.05 & 0 & 0\\ 0 & 0.01 & 0\\ 0 & 0 & 0.1\end{bmatrix};V_2=0.1。$$

要求设计式（5－17）表示的输出反馈控制器，使性能准则（5－25）具有最小上界。式（5－25）中的加权矩阵：

$$Q=\begin{bmatrix}100 & 0 & 0\\ 0 & 10 & 0\\ 0 & 0 & 1\end{bmatrix},R=1$$

由定理 6，对于给定的 ε_2，应用 LMI 工具箱中的求解器 mincx 求解该问题。进一步，对不同的 ε_2 值重复这一过程，可得 ε_2 和与之相应的目标函数值。计算可知，当 $\varepsilon_2=3.90$，相应的目标函数存在最小上界，即 $J<195.52$。此时，对应的对称正定阵 X,Y 如下：

$$X=\begin{bmatrix}0.6386 & -0.1511 & 0.4378\\ -0.1511 & 4.9537 & -0.4961\\ 0.4378 & -0.4961 & 3.1534\end{bmatrix}>0$$

$$Y=\begin{bmatrix}11.9927 & 0.4786 & -0.1027\\ 0.4786 & 26.9584 & 1.8438\\ -0.1027 & 1.8438 & 2.8930\end{bmatrix}>0$$

由于 $MN^T = I - XY$，故对 $I - XY$ 进行奇异值分解，可得：

$$M = \begin{bmatrix} 0.0608 & 0.5827 & 0.8104 \\ -0.9971 & -0.0010 & 0.0755 \\ 0.0448 & -0.8127 & 0.5809 \end{bmatrix}$$

$$N = \begin{bmatrix} 0 & 0 & -8.0709 \\ 131.6910 & -4.1153 & -3.2656 \\ 7.3146 & 5.2921 & -5.4915 \end{bmatrix}$$

进而，可设计出式（5－17）表示的输出反馈控制器，其中：

$$A_c = \begin{bmatrix} 0.2225 & -0.0643 & 0.0416 \\ 0.3112 & 0.0753 & -0.2663 \\ 0.8438 & 0.2162 & -0.6890 \end{bmatrix};\ B_c = \begin{bmatrix} -0.0012 \\ -0.0257 \\ -0.0289 \end{bmatrix};C_c = \begin{bmatrix} 1.2342 \\ 0.3497 \\ -0.3988 \end{bmatrix}^T。$$

闭环系统（5－18）的标称系统矩阵为：

$$\overline{A} = \begin{bmatrix} A & BC_c \\ B_cC & A_c + B_cDC_c \end{bmatrix}$$

代入数据后，可求得其特征值为：

$$-0.5579 \pm 0.2054i,\ -0.6353,\ -0.0211,0.2447,0.3679$$

可以看出，闭环系统特征值都位于单位圆内，故闭环系统稳定。闭环系统（5－18）各状态变量变化趋势如图5－2（a）和图5－2（b）所示。

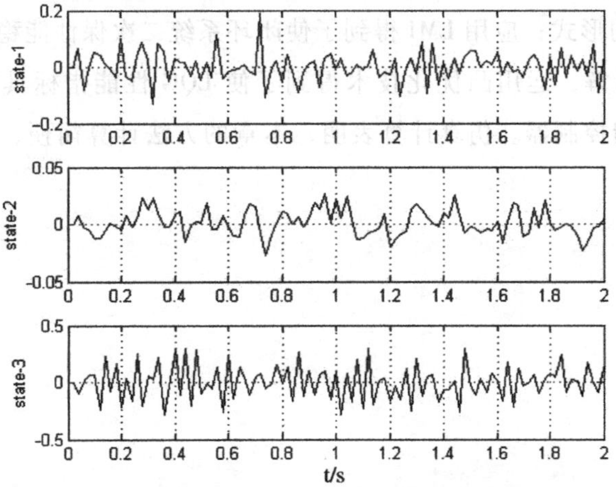

图5－2（a）　$\overline{x}(1),\overline{x}(2),\overline{x}(3)$ 变化趋势

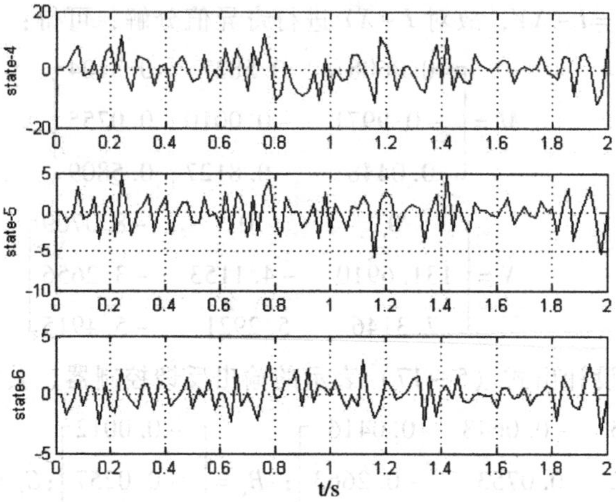

图 5－2（b） $\bar{x}(4),\bar{x}(5),\bar{x}(6)$变化趋势

5.3 本章小结

本章针对范数有界不确定连续和离散随机系统，得到了 LQG 性能指标的上界的一般形式；研究了不确定随机系统二次稳定和二次保性能稳定，并表示成 LMI 的形式；应用 LMI 得到了使闭环系统二次保性能稳定的输出反馈控制器的可行解，运用凸优化技术得到了使 LQG 性能指标具有最小上界的最优输出反馈控制器。仿真计算表明，本章的方法计算简便，得到了较为满意的结果。

第6章

基于T-S模糊模型不确定系统H_∞非脆弱保性能控制

6.1 不确定连续系统H_∞非脆弱保性能控制

本节主要研究基于LMI的T-S模糊模型的线性连续系统，当外界干扰能量有界时，运用PDC算法设计T-S模糊模型的非脆弱控制器，使闭环系统的传递函数满足H_∞性能指标，并且使二次型性能指标达到极小。

6.1.1 问题描述

考虑T-S模糊模型的线性连续系统为：

$$\text{IF } y_1 \text{ is } M_{i1} \text{ and} \cdots \text{and } y_p \text{ is } M_{ip} \text{ THEN}$$

$$\dot{x}(t)=(A_i+\Delta A_i)x(t)+(B_{1i}+\Delta B_{1i})u(t)+B_2w(t)(i=1,2,\cdots,r) \tag{6-1}$$

且：

$$[\Delta A_i,\Delta B_{1i}]=H_1F[E_1,E_2],\ F^TF\leqslant I$$

其中：$A_i \in R^{n\times n}, B_{1i} \in R^{n\times m}; B_{2i} \in R^{n\times 1}$；$x(t) \in R^n$，$u(t) \in R^m$，$w(t) \in R$ 为外界干扰；$y_j(t) \in R^j$ 为前提变量（通常是 $x(t)$ 的函数）；$M_{ij}, i=1,2,\cdots,r$，$j=1,2,\cdots,p$ 为分量 $y_j(t)$ 的论域上的模糊集合。r 为规则数。其解析表达式为

$$\dot{x}(t) = \sum_{i=1}^{r} h_i((A_i + \Delta A_i)x(t) + (B_{1i} + \Delta B_{1i})u(t) + B_2 w(t)) \quad (6-2)$$

其中：$h_i = \dfrac{\varpi_i(y(t))}{\sum_{i=1}^{r}\varpi_i(y(t))}$；$\varpi_i(y(t)) = \prod_{j=1}^{p} M_{ij}(y_j(t))$；$M_{ij}(y_j(t))$ 为 $y_j(t)$ 对模糊集合 M_{ij} 的隶属度。

使用并行分布补偿（PDC）算法，即为每个子系统设计一个子补偿器，补偿器使用与系统模型相同的前提条件，总控制器由子补偿器模糊“混合”而成。本质上 PDC 控制器是一个非线性控制器。控制器模糊规则为：

IF y_1 is M_{j1} and…and y_p is M_{jp} THEN $u(t) = (K_j + \Delta K_j)x(t)\ (j=1,2,\cdots,r)$

其中：$K_j \in R^{m\times n}$。ΔK_j 分为加性和乘性两种情况：

加性：$\Delta K_j = H_2FE_3$

乘性：$\Delta K_j = H_3FE_4K_j$

其解析表达式为：

$$u(t) = \sum_{j=1}^{r} h_j(K_j + \Delta K_j)x(t) = K(h)x(t) \quad (6-3)$$

这样，状态反馈系统综合为：

$$\dot{x}(t) = \sum_{i=1}^{r}\sum_{j=1}^{r}[h_ih_j((A_i + \Delta A_i) + (B_{1i} + \Delta B_{1i})(K_j + \Delta K_j))x(t) + B_2w(t)] \quad (6-4)$$

设 $\{A_i, B_{1i}\}, i=1,2,\cdots,r$ 都是完全能控的，问题是要设计非脆弱控制器（6-3），使闭环系统（6-4）渐近稳定。

对于连续系统（6-2），考虑二次型性能指标：

$$J = \int_0^{\infty}[x^T(t)Qx(t) + u^T(t)Ru(t)]dt \quad (6-5)$$

其中：Q 为半正定阵；R 为正定阵。

定义辅助输出信号：

$$z(t) = Cx(t) + Du(t) \tag{6-6}$$

其中：$C=[Q^{\frac{1}{2}} \quad 0]^T$；$D=[0 \quad R^{\frac{1}{2}}]^T$。

于是，性能指标（6-5）变为：

$$J=\int_0^\infty [x^T(t)Qx(t)+u^T(t)Ru(t)]dt=\int_0^\infty (z^T(t)z(t))dt=\|z(k)\|_2^2$$

对于闭环系统：

$$\begin{aligned}\dot{x}(t) &= A_c(h)x(t)+B_2w(t)\\ z(k) &= C_c(h)x(k)\end{aligned} \tag{6-7}$$

其中：$A_c(h)=\sum_{i=1}^{r}h_i((A_i+\Delta A_i)+(B_{1i}+\Delta B_{1i})K(h))$；$C_c(h)=C+DK(h)$；$K(h)=\sum_{j=1}^{r}h_j(K_j+\Delta K_j)$。

将式（6-6）代入式（6-5），得到闭环系统的性能指标：

$$J=\int_0^\infty [x^T(t)\overline{Q}x(t)]dt=\int_0^\infty [x^T(t)C_c^T(h)C_c(h)x(t)]dt=\|z(k)\|_2^2 \tag{6-8}$$

其中：$\overline{Q}=Q+K(h)^TRK(h)$。

6.1.2 非脆弱保性能控制器设计

定义1：对于系统（6-2）和给定的正整数γ，存在式（6-3）表示的控制器，使闭环系统（6-7）渐近稳定，且满足$\|T_{zw}(z)\|_\infty<\gamma$的充要条件是存在对称正定阵$P$，使下式成立：

$$\begin{bmatrix} A_c^T(h)P+PA_c(h) & PB_2 & C_c^T(h)\\ B_2^TP & -\gamma^2 I & 0\\ C_c(h) & 0 & -I\end{bmatrix}<0 \tag{6-9}$$

则该控制器称为具有H_∞干扰抑制水平γ的保成本控制器。

其中：$T_{zw}(z)=C_c(h)(Iz-A_c(h))^{-1}B_2$；$A_c(h),B_2,C_c(h)$与式（6-7）相同。

定义 2：二次稳定性。

对于闭环系统（6－7），如果存在一个对称正定矩阵 $\boldsymbol{P}$，使对于所有不确定参数 $h \in \Delta$，矩阵不等式（6－7）成立。

$$\boldsymbol{A}_c^T(h)\boldsymbol{P} + \boldsymbol{P}\boldsymbol{A}_c(h) < 0 \tag{6-10}$$

则闭环系统（6－7）称为二次稳定的。

其中：$h = [h_1 \quad h_2 \quad \cdots \quad h_r]^T \in R^r$。

定理 1：设 $u(t) = K(h)x(t)$ 是不确定连续系统（6－2）的具有 H_∞ 干扰抑制水平 γ 的保成本控制器，则对所有允许的不确定性，相应的闭环系统（6－7）二次稳定，并且二次型性能指标（6－8）满足 $J \leqslant x_0^T P x_0 + \gamma^2 \| w(t) \|_2^2$，且 $\| T_{zw}(z) \|_\infty < \gamma$。其中：$x_0$ 为闭环系统（6－7）的初始值；P 为对称正定阵；γ 为抑制水平。

证明：略。

定理 2：对于不确定连续 T－S 模糊系统（6－2）和给定的正整数 γ，存在式（6－3）表示的控制器和对称正定阵 $\boldsymbol{P}$，使定义 1 中的式（6－9）成立的充要条件是存在对称正定阵 $\boldsymbol{Q}$ 矩阵 $\boldsymbol{Y}(h)$，使下式成立：

$$\begin{bmatrix} \boldsymbol{X}\boldsymbol{A}^T(h) + \boldsymbol{A}(h)\boldsymbol{X} + \boldsymbol{B}(h)\boldsymbol{Y}(h) + \boldsymbol{Y}^T(h)\boldsymbol{B}^T(h) & \boldsymbol{G} & (\boldsymbol{C}\boldsymbol{X} + \boldsymbol{D}\boldsymbol{Y}(h))^T \\ \boldsymbol{G}^T & -\gamma^2 \boldsymbol{I} & 0 \\ \boldsymbol{C}\boldsymbol{X} + \boldsymbol{D}\boldsymbol{Y}(h) & 0 & -\boldsymbol{I} \end{bmatrix} < 0 \tag{6-11}$$

其中：$\boldsymbol{X} = \boldsymbol{P}^{-1}$，$\boldsymbol{Y}(h) = \boldsymbol{K}(h)\boldsymbol{X} = \sum_{i=1}^{l} h_i \boldsymbol{Y}_i$，$\boldsymbol{Y}_i = \boldsymbol{K}_i \boldsymbol{X}$，并且得 $\boldsymbol{K}_i = \boldsymbol{Y}_i \boldsymbol{X}^{-1}$。

证明：用 $\mathrm{diag}\{\boldsymbol{P}^{-1}, \boldsymbol{I}, \boldsymbol{I}\}$ 左乘和右乘式（6－9），并令 $\boldsymbol{X} = \boldsymbol{P}^{-1}, \boldsymbol{Y}(h) = \boldsymbol{K}(h)\boldsymbol{X}$ 即得。

定理 3：给定不确定线性 T－S 模糊系统（6－2）和标量 $\gamma > 0$，如果存在对称正定矩阵 X 及 $Y_j (j = 1,2,\cdots,r)$，使下列 LMIs 可解：

$$\begin{aligned} &\Psi_{ii} < 0 \quad (i = 1,2,\cdots,r) \\ &\Psi_{ij} + \Psi_{ji} < 0 (i < j < r) \end{aligned} \tag{6-12}$$

$$\Psi_{ij}=\begin{bmatrix} XA_i^T+A_iX+B_{1i}Y_j+Y_j^TB_{1i}^T & B_2 & (CX+DY_j)^T \\ B_2^T & -\gamma I & 0 \\ (CX+DY_j) & 0 & -\gamma I \\ \lambda_1H_1^T & 0 & 0 \\ (E_1X+E_2Y_j) & 0 & 0 \\ \lambda_2H_2^TB_{1i}^T & 0 & \lambda_2H_2^TD^T \\ E_3X & 0 & 0 \end{bmatrix} \Rightarrow$$

$$\Leftarrow \begin{bmatrix} \lambda_1H_1 & (E_1X+E_2Y_j)^T & \lambda_2B_{1i}H_2 & XE_3^T \\ 0 & 0 & 0 & 0 \\ 0 & 0 & \lambda_2DH_2 & 0 \\ -\lambda_1I & 0 & 0 & 0 \\ 0 & -\lambda_1I & \lambda_2E_2H_2 & 0 \\ 0 & \lambda_2H_2^TE_2^T & -\lambda_2I & 0 \\ 0 & 0 & 0 & -\lambda_2I \end{bmatrix}<0$$

$$(i=1,\cdots,r;\ j=1,\cdots,r) \tag{6-13}$$

则存在具有H_∞干扰抑制水平γ非脆弱状态反馈控制器为：

$$u(t)=(K_j+\Delta K_j)x(t)=(Y_jX^{-1}+H_2FE_3)x(t)(j=1,2,\cdots,r)$$

闭环系统（6-7）的二次型性能指标满足：

$$J\leqslant x_0^TX^{-1}x_0+\gamma^2\|w(k)\|_2^2$$

证明：由定义1中的式（6-9）：

$$\begin{bmatrix} A_c^T(h)P+PA_c(h) & PB_2 & C_c^T(h) \\ B_2^TP & -\gamma^2I & 0 \\ C_c(h) & 0 & -I \end{bmatrix}<0$$

如果：

$$\begin{bmatrix} \Theta(1,1) & PB_2 & (C+D(K_j+\Delta K_j))^T \\ B_2^TP & -\gamma^2I & 0 \\ C+D(K_j+\Delta K_j) & 0 & -I \end{bmatrix}<0$$

其中：

$\Theta(1,1) = ((A_i + \Delta A_i) + (B_{1i} + \Delta B_{1i})(K_j + \Delta K_j))^T P + P(A_i + \Delta A_i) + (B_{1i} + \Delta B_{1i})(K_j + \Delta K_j)$ 。

上式等价于：

$$\begin{bmatrix} (A_i + B_{1i}(K_j + \Delta K_j))^T P + PA_i + B_{1i}(K_j + \Delta K_j) & PB_2 & (C + D(K_j + \Delta K_j))^T \\ B_2^T P & -\gamma^2 I & 0 \\ C + D(K_j + \Delta K_j) & 0 & -I \end{bmatrix} +$$

$$\begin{bmatrix} PH_1 \\ 0 \\ 0 \end{bmatrix} F[E_1 + E_2(K_j + \Delta K_j) \quad 0 \quad 0] + \begin{bmatrix} (E_1 + E_2(K_j + \Delta K_j))^T \\ 0 \\ 0 \end{bmatrix} F^T [H_1^T P \quad 0 \quad 0] < 0$$

由 schur 补引理，得：

$$\begin{bmatrix} (A_i + B_{1i}(K_j + \Delta K_j))^T P + PA_i + B_{1i}(K_j + \Delta K_j) & PB_2 & (C + D(K_j + \Delta K_j))^T \\ B_2^T P & -\gamma^2 I & 0 \\ C + D(K_j + \Delta K_j) & 0 & -I \\ \lambda_1 H_1^T P & 0 & 0 \\ E_1 + E_2(K_j + \Delta K_j) & 0 & 0 \end{bmatrix} \Rightarrow$$

$$\Leftarrow \begin{matrix} \lambda_1 PH_1 & (E_1 + E_2(K_j + \Delta K_j))^T \\ 0 & 0 \\ 0 & 0 \\ -\lambda_1 I & 0 \\ 0 & -\lambda_1 I \end{matrix} \Bigg] < 0$$

上式等价于：

$$\begin{bmatrix} (A_i + B_{1i}K_j)^T P + P(A_i + B_{1i}K_j) & PB_2 & (C + DK_j)^T & \lambda_1 PH_1 & (E_1 + E_2 K_j)^T \\ B_2^T P & -\gamma^2 I & 0 & 0 & 0 \\ C + DK_j & 0 & -I & 0 & 0 \\ \lambda_1 H_1^T P & 0 & 0 & -\lambda_1 I & 0 \\ E_1 + E_2 K_j & 0 & 0 & 0 & -\lambda_1 I \end{bmatrix} +$$

$$\begin{bmatrix} PB_{1i}H_2 \\ 0 \\ DH_2 \\ 0 \\ E_2H_2 \end{bmatrix} F[E_3 \quad 0 \quad 0 \quad 0 \quad 0] + \begin{bmatrix} E_3^T \\ 0 \\ 0 \\ 0 \\ 0 \end{bmatrix} F^T[H_2^TB_{1i}^TP \quad 0 \quad H_2^TD^T \quad 0 \quad H_2^TE_2^T] < 0$$

由 schur 补引理，得：

$$\begin{bmatrix} (A_i + B_{1i}K_j)^TP + P(A_i + B_{1i}K_j) & PB_2 & (C + DK_j)^T & \lambda_1H_1 & (E_1 + E_2K_j)^T & \lambda_2PB_{1i}H_2 & E_3^T \\ B_2^TP & -\gamma^2I & 0 & 0 & 0 & 0 & 0 \\ (C + DK_j) & 0 & -I & 0 & 0 & \lambda_2DH_2 & 0 \\ \lambda_1H_1^T & 0 & 0 & -\lambda_1I & 0 & 0 & 0 \\ (E_1 + E_2K_j) & 0 & 0 & 0 & -\lambda_1I & \lambda_2E_2H_2 & 0 \\ \lambda_2H_2^TB_{1i}^TP & 0 & \lambda_2H_2^TD^T & 0 & \lambda_2H_2^TE_2^T & -\lambda_2I & 0 \\ E_3 & 0 & 0 & 0 & 0 & 0 & -\lambda_2I \end{bmatrix} < 0 \Rightarrow \Leftarrow$$

$$(i = 1, \cdots, r; j = 1, \cdots, r)$$

给上述不等式的左边和右边各乘 diag$[X, I, I, I, I, I, I]$，其中：$X = P^{-1}$，令 $Y_j = K_jX(j = 1, 2, \cdots, r)$，可得式（6-11）。

由式（6-13）、式（6-3）和式（6-4）可知：

$$\sum_{i=1}^{r} h_i \sum_{j=1}^{r} h_j \Psi_{ij} = \sum_{i=1}^{r} h_i h_i \Psi_{ii} + \sum_{i<j}^{r} h_i h_j (\Psi_{ij} + \Psi_{ji}) < 0$$

则当式（6-10）成立时，式（6-8）成立。

定理4：对于不确定系统（6 -2）和给定常数 $\gamma>0$，存在非脆弱状态反馈控制器（6 -3），满足乘性控制器增益变化，使闭环系统（6 -7）渐近稳定且满足 $\|T_{zw}(z)\|_{\infty}<\gamma$。

如果存在常数 $\lambda_i>0(i=1,2)$，对称正定阵 X，矩阵 $Y_j(j=1,2\cdots,r)$，以致使下列 LMIs 可解：

$$\Psi_{ii}<0(i=1,2,\cdots,r)$$

$$\Psi_{ij}+\Psi_{ji}<0(i<j<r) \tag{6-14}$$

$$\Psi_{ij}=\begin{bmatrix} XA_i^T+A_iX+B_{1i}Y_j+Y_j^TB_{1i}^T & B_2 & (CX+DY_j)^T & \lambda_1H_1 & (E_1X+E_2Y_j)^T & \lambda_2B_{1i}H_3 & XE_4^T \\ B_2^T & -\gamma^2I & 0 & 0 & 0 & 0 & 0 \\ (CX+DY_j) & 0 & -I & 0 & 0 & \lambda_2DH_3 & 0 \\ \lambda_1H_1^T & 0 & 0 & -\lambda_1I & 0 & 0 & 0 \\ (E_1X+E_2Y_j) & 0 & 0 & 0 & -\lambda_1I & \lambda_2E_2H_3 & 0 \\ \lambda_2H_3^TB_{1i}^T & 0 & \lambda_2H_3^TD^T & 0 & \lambda_2H_3^TE_2^T & -\lambda_2I & 0 \\ E_4X & 0 & 0 & 0 & 0 & 0 & -\lambda_2I \end{bmatrix}<0(i=1,\cdots,r;j=1,\cdots,r) \tag{6-15}$$

进一步，非脆弱状态反馈控制器为 $K_j+\Delta K_j=(I+H_3FE_4)Y_jX^{-1}(j=1,2,\cdots,r)$；闭环系统（6 -7）的二次型性能指标满足 $J\leqslant x_0^TX^{-1}x_0+\gamma^2\|w(k)\|_2^2$。

6.1.3 仿真示例

倒立摆模型的运动方程如下：

$$
\begin{aligned}
\dot{x}_1 &= x_2 \\
\dot{x}_2 &= \frac{g\sin x_1 - amlx_2^2\sin(2x_1)/2 - au\cos x_1}{4l/3 - aml\cos^2 x_1} \\
\dot{x}_3 &= x_4 \\
\ddot{x}_4 &= \frac{4alu/3 - aml^2x_2^2\sin x_1 - amgl\sin(2x_1)/2}{4l/3 - aml\cos^2 x_1}
\end{aligned}
\tag{6-16}
$$

其中：x_1为摆的角度；x_2为摆的角速度；x_3为小车的位移；x_4为小车的速度；$g=9.8\text{m/s}^2$为重力加速度；$M=8\text{kg}$为小车质量；$M=2\text{kg}$为摆杆质量；$a=1/(M+m)$；$l=0.5\text{m}$为摆杆转动轴心到杆质心的长度；$I=\frac{4ml^2}{3}$为摆杆惯量。

略去高阶微小量，写成状态方程形式：

$$\dot{x} = Ax + Bu$$

其中：$x = [x_1, x_2, x_3, x_4]^T$。

T-S模糊规则如下：

$$R^1\text{: IF } x_1 \text{ is about } 0 \text{ THEN } \dot{x} = A_1x + B_1u + E_1w$$

$$R^2\text{: IF } x_1 \text{ is about } \pi/6 \text{ THEN } \dot{x} = A_2x + B_2u + E_2w$$

其中：

$$A_1 = \begin{bmatrix} 0 & 1 & 0 & 0 \\ \frac{g}{4l/3 - aml} & 0 & 0 & 0 \\ 0 & 0 & 0 & 1 \\ -\frac{mgla}{4l/3 - aml} & 0 & 0 & 0 \end{bmatrix} = \begin{bmatrix} 0 & 1 & 0 & 0 \\ 17.2941 & 0 & 0 & 0 \\ 0 & 0 & 0 & 1 \\ -1.7294 & 0 & 0 & 0 \end{bmatrix};$$

$$B_1 = \begin{bmatrix} 0 \\ -\frac{a}{4l/3 - aml} \\ 0 \\ \frac{4la/3}{4l/3 - aml} \end{bmatrix} = \begin{bmatrix} 0 \\ -0.1765 \\ 0 \\ 0.1176 \end{bmatrix};$$

$$A_2 = \begin{bmatrix} 0 & 1 & 0 & 0 \\ \dfrac{2g}{\pi(4l/3 - aml\cos^2 x_1)} & 0 & 0 & 0 \\ 0 & 0 & 0 & 1 \\ -\dfrac{mgla\cos x_1}{4l/3 - aml\cos^2 x_1} & 0 & 0 & 0 \end{bmatrix} = \begin{bmatrix} 0 & 1 & 0 & 0 \\ 10.5446 & 0 & 0 & 0 \\ 0 & 0 & 0 & 1 \\ -1.6553 & 0 & 0 & 0 \end{bmatrix};$$

$$B_2 = \begin{bmatrix} 0 \\ -\dfrac{a\cos x_1}{4l/3 - aml\cos^2 x_1} \\ 0 \\ \dfrac{4la\cos x_1/3}{4l/3 - aml\cos^2 x_1} \end{bmatrix} = \begin{bmatrix} 0 \\ -0.1464 \\ 0 \\ 0.1127 \end{bmatrix}; C = \begin{bmatrix} 1 & 0 & 0 & 0 & 0 \\ 0 & 1 & 0 & 0 & 0 \\ 0 & 0 & 1 & 0 & 0 \\ 0 & 0 & 0 & 1 & 0 \end{bmatrix}^T;$$

$D = [0 \quad 0 \quad 0 \quad 0 \quad 0.1]^T; Q = eye(4); R = 0.01$。

隶属函数：

$$h_1(x_1) = \frac{0.5 - 0.5/(1 + \exp(-7(x_1 - \pi/4)))}{1 + \exp(-7(x_1 + \pi/4))}, h_2(x_1) = 1 - h_1(x_1)$$

由定理 3，取 $\gamma = 478.8$，得到：

$$X = \begin{bmatrix} 0.5028 & -1.4772 & 0.0272 & -0.2955 \\ -1.4772 & 4.9594 & -0.0337 & 0.0332 \\ 0.0272 & -0.0337 & 1.8936 & -1.1149 \\ -0.2955 & 0.0332 & -1.1149 & 2.1085 \end{bmatrix}$$

$$Y_1 = [15.8921 \quad 14.6725 \quad -3.3053 \quad -44.3249]$$

$$Y_2 = [18.3369 \quad 0.5632 \quad -3.0359 \quad -44.1663]$$

控制增益：

$K_1 = [1106.8 \quad 332.1 \quad 93.1 \quad 178.1]$

$K_2 = [943.9783 \quad 280.8151 \quad 76.6445 \quad 147.4704]$

初始条件：$x_0 = [10^0 \quad 0 \quad 0 \quad 0 : 30^0 \quad 0 \quad 0 \quad 0 : 45^0 \quad 0 \quad 0 \quad 0]$

仿真结果如图 6－1、图 6－2 所示。

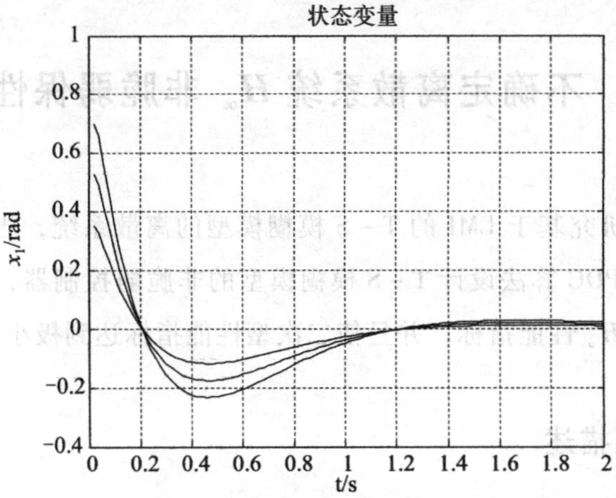

图6-1　状态变量变化趋势（仅显示第一分量）

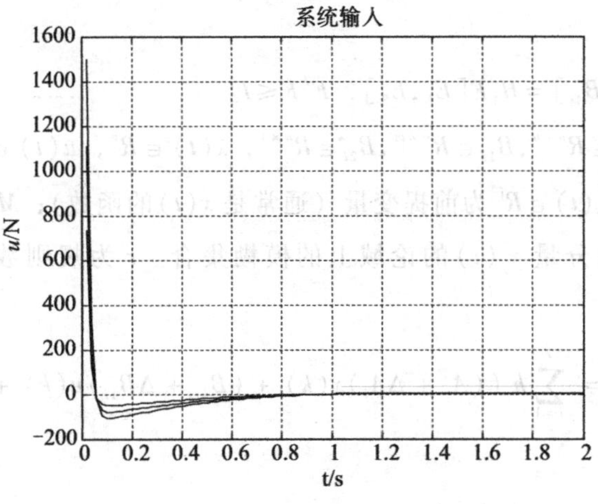

图6-2　系统输入变化曲线

6.2 不确定离散系统 H_∞ 非脆弱保性能控制

本节主要研究基于 LMI 的 T－S 模糊模型的离散系统，当外界干扰能量有界时，运用 PDC 算法设计 T－S 模糊模型的非脆弱控制器，使闭环系统的传递函数满足 H_∞ 性能指标，并且使二次型性能指标达到极小。

6.2.1 问题描述

考虑 T－S 模糊模型的线性离散系统为：

$$\text{IF } y_1 \text{ is } M_{i1} \text{ and} \cdots \text{and } y_p \text{ is } M_{ip} \text{ THEN}$$

$$x(k+1)=(A_i+\Delta A_i)x(k)+(B_{1i}+\Delta B_{1i})u(k)+B_2w(k)\,(i=1,2,\cdots,r) \tag{6-17}$$

且 $[\Delta A_i,\Delta B_{1i}]=H_1F[E_1,E_2]$，$F^TF\leqslant I$。

其中：$A_i\in R^{n\times n},B_{1i}\in R^{n\times m},B_{2i}\in R^{n\times 1}$，$x(t)\in R^n$，$u(t)\in R^m$，$w(t)\in R$ 为外界干扰；$y_j(t)\in R^j$ 为前提变量（通常是 $x(t)$ 的函数）；$M_{ij},i=1,2,\cdots,r$，$j=1,2,\cdots,p$ 为分量 $y_j(t)$ 的论域上的模糊集合。r 为规则数。其解析表达式为：

$$x(k+1)=\sum_{i=1}^{r}h_i((A_i+\Delta A_i)x(k)+(B_{1i}+\Delta B_{1i})u(k)+B_2w(k)) \tag{6-18}$$

其中：$h_i=\dfrac{\varpi_i(y(t))}{\sum_{i=1}^{r}\varpi_i(y(t))}$；$\varpi_i(y(t))=\prod_{j=1}^{p}M_{ij}(y_j(t))$；$M_{ij}(y_j(t))$ 为 $y_j(t)$ 对模糊集合 M_{ij} 的隶属度。

使用并行分布补偿（PDC）算法。控制器模糊规则为：

$$\text{IF } y_1 \text{ is } M_{j1} \text{ and} \cdots \text{and } y_p \text{ is } M_{jp} \text{ THEN } u(t)=(K_j+\Delta K_j)x(t)\,(j=1,2,\cdots,r)$$

其中：$K_j \in R^{m\times n}$。ΔK_j 分为加性和乘性两种情况：

加性：$\Delta K_j = H_2 F E_3$

乘性：$\Delta K_j = H_3 F E_4 K_j$

其解析表达式为：

$$u(t) = \sum_{j=1}^{r} h_j(K_j + \Delta K_j)x(t) = K(h)x(t) \tag{6-19}$$

这样，状态反馈系统综合为：

$$x(k+1) = \sum_{i=1}^{r}\sum_{j=1}^{r}\left[h_i h_j((A_i + \Delta A_i) + (B_{1i} + \Delta B_{1i})(K_j + \Delta K_j))x(k) + B_2 w(k)\right] \tag{6-20}$$

设$\{A_i, B_{1i}\}, i = 1,2,\cdots,r$ 都是完全能控的，问题是要设计非脆弱控制器（6－19），使闭环系统（6－20）渐近稳定。

对于离散系统（6－18），考虑二次型性能指标：

$$J = \sum_{k=0}^{\infty}\left[x^T(k)Qx(k) + u^T(k)Ru(k)\right] \tag{6-21}$$

其中：Q 为半正定阵；R 为正定阵。

定义辅助输出信号：

$$z(k) = Cx(k) + Du(k) \tag{6-22}$$

其中：$C = [Q^{\frac{1}{2}} \quad 0]^T, D = [0 \quad R^{\frac{1}{2}}]^T$。

于是，性能指标（6－21）变为：

$$J = \sum_{k=0}^{\infty}\left[x^T(k)Qx(k) + u^T(k)Ru(k)\right] = \sum_{k=0}^{\infty} z^T(k)z(k) = \| z(k) \|_2^2$$

对于闭环系统：

$$\begin{aligned} x(k+1) &= A_c(h)x(k) + B_2 w(k) \\ z(k) &= C_c(h)x(k) \end{aligned} \tag{6-23}$$

其中：$A_c(h) = \sum_{i=1}^{r} h_i((A_i + \Delta A_i) + (B_{1i} + \Delta B_{1i})K(h))$；$C_c(h) = C + DK(h)$；$K(h) = \sum_{j=1}^{r} h_j(K_j + \Delta K_j)$。

将式（6－23）代入式（6－21），得到闭环系统的性能指标：

$$J = \sum_{k=0}^{\infty} [x^T(k)\overline{Q}x(k)] = \sum_{k=0}^{\infty} x^T(k)C_c^T(h)C_c(h)x(k) = \| z(k) \|_2^2 \tag{6-24}$$

其中：$\overline{Q} = Q + K(h)^T RK(h)$。

6.2.2 非脆弱保性能控制器设计

定义3：如果存在式（6－19）表示的控制器，使闭环系统（6－23）渐近稳定，且满足 $\| T_{zw}(z) \|_\infty < \gamma$，其中：$T_{zw}(z) = C_c(h)(Iz - A_c(h))^{-1}B_2)$，即存在对称正定阵 P，标量 γ，满足有界实引理：

$$\begin{bmatrix} -P & 0 & A_c^T(h)P & C_c^T(h) \\ 0 & -\gamma^2 I & B_2^T P & 0 \\ PA_c(h) & PB_2 & -P & 0 \\ C_c(h) & 0 & 0 & -I \end{bmatrix} < 0 \tag{6-25}$$

则该控制器称为具有 H_∞ 干扰抑制水平 γ 的保成本控制器。

其中：$A_c(h), B_2, C_c(h)$ 与式（6－23）相同。

定义2：二次稳定性。

对于闭环系统（6－23），如果存在一个对称正定矩阵 P，使对于所有不确定参数 $h \in \Delta$，矩阵不等式（6－26）成立。

$$A_c^T(h)PA_c(h) - P < 0 \tag{6-26}$$

则闭环系统（6－23）称为二次稳定的。其中：$h = [h_1 \quad h_2 \quad \cdots \quad h_r]^T \in R^r$。

定理5：设 $u(k) = K(h)x(k)$ 是不确定离散 T－S 模糊系统（6－18）的具有 H_∞ 干扰抑制水平 γ 的保性能控制器，则对所有允许的不确定性，相应的闭环系统（6－23）二次稳定，并且二次型性能指标（6－24）满足 $J \leqslant x_0^T P x_0 + \gamma^2 \| w(k) \|_2^2$，且 $\| T_{zw}(z) \|_\infty < \gamma$。

其中：x_0 为闭环系统（6－23）的初始值；P 为对称正定阵；γ 为抑制水平；$T_{zw}(z) = C_c(h)(Iz - A_c(h))^{-1}B_2$。

证明：略。

定理6：对于不确定离散T-S模糊系统（6-18）和给定的正整数γ，存在式（6-19）表示的控制器和对称正定阵P，使定义3中的条件式（6-25）成立的充要条件是存在对称正定阵X矩阵$Y(h)$，使下式成立：

$$\begin{bmatrix} -X & 0 & M^T & N^T \\ 0 & -\gamma^2 I & E^T & 0 \\ M & E & -X & 0 \\ N & 0 & 0 & -I \end{bmatrix} < 0 \tag{6-27}$$

其中：$M = A_c(h)X + B_c(h)Y(h)$；$N = CX + DY(h)$；$K_i = Y_i X^{-1}$；

$K(h) = Y(h)X^{-1} = \sum_{i=1}^{r} h_i Y_i X^{-1}$。

证明：略。

定理7：给定不确定线性离散T-S模糊系统（6-18）和标量$\gamma>0$，存在非脆弱状态反馈控制器（6-19），满足加性控制器增益变化，使闭环系统（6-23）渐近稳定且满足$\| T_{zw}(z) \|_\infty < \gamma$。如果存在对称正定矩阵$X$及矩阵$Y_j(i = 1,2,\cdots,r)$，使下列LMIs可解：

$$\begin{aligned} &\Psi_{ii} < 0(i = 1,2,\cdots,r) \\ &\Psi_{ij} + \Psi_{ji} < 0(i < j < r) \end{aligned} \tag{6-28}$$

其中：

$$\Psi_{ij} = \begin{bmatrix} -X & 0 & (A_iX + B_{1i}Y_j)^T & (CX + DY_j)^T \\ 0 & -\gamma^2 I & B_2^T & 0 \\ (A_iX + B_{1i}Y_j) & B_2 & -X & 0 \\ (CX + DY_j) & 0 & 0 & -I \\ 0 & 0 & \lambda_1 H_1^T & 0 \\ (E_1X + E_2Y_j) & 0 & 0 & 0 \\ 0 & 0 & \lambda_2 H_2^T B_{1i}^T & \lambda_2 H_2^T D^T \\ XE_3 & 0 & 0 & 0 \end{bmatrix} \rightarrow$$

$$
\leftarrow
\begin{array}{cccc}
0 & (E_1X + E_2Y_j)^T & 0 & XE_3^T \\
0 & 0 & 0 & 0 \\
\lambda_1 H_1 & 0 & \lambda_2 B_{1i} H_2 & 0 \\
0 & 0 & \lambda_2 DH_2 & 0 \\
-\lambda_1 I & 0 & 0 & 0 \\
0 & -\lambda_1 I & \lambda_2 E_2 H_2 & 0 \\
0 & \lambda_2 H_2^T E_2^T & -\lambda_2 I & 0 \\
0 & 0 & 0 & -\lambda_2 I
\end{array}
\left.\vphantom{\begin{array}{c}0\\0\\0\\0\\0\\0\\0\\0\end{array}}\right] < 0 \qquad (6-29)
$$

则存在具有 H_∞ 干扰抑制水平 γ 非脆弱状态反馈控制器为：

$$u(k) = (K_i + \Delta K_i) = (Y_iX^{-1} + H_2FE_3)$$

闭环系统（6-23）的二次型性能指标满足：

$$J \leqslant x_0^T X^{-1} x_0 + \gamma^2 \| w(k) \|_2^2$$

证明：由式（6-27）：

$$
\begin{bmatrix}
-X & 0 & (A_c(h)X + B_c(h)Y(h))^T & (CX + DY(h))^T \\
0 & -\gamma^2 I & B_2^T & 0 \\
A_c(h)X + B_c(h)Y(h) & B_2 & -X & 0 \\
CX + DY(h) & 0 & 0 & -I
\end{bmatrix}
$$

$$= \sum_{i=1}^{r} \sum_{j=1}^{r} h_i h_j \Psi_{ij} < 0$$

其中：

$$
\Psi_{ij} = \begin{bmatrix}
-X & 0 & ((A_i + \Delta A_i)X + (B_{1i} + \Delta B_{1i})(K_j + \Delta K_j)X)^T & (CX + D(K_j + \Delta K_j)X)^T \\
* & -\gamma^2 I & B_2^T & 0 \\
* & * & -X & 0 \\
* & * & * & -I
\end{bmatrix}
$$

如果 $\Psi_{ij} < 0$，上式等价于：

$$\Psi_{ij}=\begin{bmatrix}-X & 0 & (A_iX+B_{1i}(K_j+\Delta K_j)X)^T & (CX+D(K_j+\Delta K_j)X)^T\\ * & -\gamma^2 I & B_2^T & 0\\ * & * & -X & 0\\ * & * & * & -I\end{bmatrix}+$$

$$\begin{bmatrix}0\\0\\H_1\\0\end{bmatrix}F[(E_1+E_2(K_j+\Delta K_j))X\quad 0\quad 0\quad 0]+$$

$$\begin{bmatrix}X(E_1+E_2(K_j+\Delta K_j))^T\\0\\0\\0\end{bmatrix}F^T[0\quad 0\quad H_1^T\quad 0]<0$$

由 schur 补引理，得：

$$\begin{bmatrix}-X & 0 & (A_iX+B_{1i}(K_j+\Delta K_j)X)^T & (CX+D(K_j+\Delta K_j)X)^T & 0 & (E_1X+E_2(Y_j+\Delta K_jX))^T\\ * & -\gamma^2 I & B_2^T & 0 & 0 & 0\\ * & * & -X & 0 & \lambda_1 H_1 & 0\\ * & * & * & -I & 0 & 0\\ * & * & * & * & -\lambda_1 I & 0\\ * & * & * & * & * & -\lambda_1 I\end{bmatrix}<0$$

上式等价于：

$$\begin{bmatrix}-X & 0 & (A_iX+B_{1i}(K_j+\Delta K_j)X)^T & (CX+D(K_j+\Delta K_j)X)^T & 0 & (E_1X+E_2(Y_j+\Delta K_jX))^T\\ * & -\gamma^2 I & B_2^T & 0 & 0 & 0\\ * & * & -X & 0 & \lambda_1 H_1 & 0\\ * & * & * & -I & 0 & 0\\ * & * & * & * & -\lambda_1 I & 0\\ * & * & * & * & * & -\lambda_1 I\end{bmatrix}+$$

$$\begin{bmatrix}0\\0\\B_{1i}H_2\\DH_2\\0\\E_2H_2\end{bmatrix}F[(E_3X\quad 0\quad 0\quad 0\quad 0\quad 0]+\begin{bmatrix}XE_3^T\\0\\0\\0\\0\\0\end{bmatrix}F^T[0\quad 0\quad H_2^TB_{1i}^T\quad H_2^TD\quad 0\quad H_2^TE_2^T]$$

由 schur 补引理，得：

$$\begin{bmatrix} -X & 0 & (A_iX+B_{1i}Y_j)^T & (CX+DY_j)^T & 0 & (E_1X+E_2Y_j)^T & 0 & XE_3^T \\ * & -\gamma^2 I & B_2^T & 0 & 0 & 0 & 0 & 0 \\ * & * & -X & 0 & \lambda_1 H_1 & 0 & \lambda_2 B_{1i}H_2 & 0 \\ * & * & * & -I & 0 & 0 & \lambda_2 DH_2 & 0 \\ * & * & * & * & -\lambda_1 I & 0 & 0 & 0 \\ * & * & * & * & * & -\lambda_1 I & \lambda_2 E_2 H_2 & 0 \\ * & * & * & * & * & * & -\lambda_2 I & 0 \\ * & * & * & * & * & * & * & -\lambda_2 I \end{bmatrix} < 0$$

$$(i=1,2,\cdots,r;j=1,2,\cdots,r)$$

不等式（6－27）左边等于：

$$\sum_{i=1}^{r} h_i \sum_{j=1}^{r} h_j \Psi_{ij} = \sum_{i=1}^{r} h_i h_i \Psi_{ii} + \sum_{i<j}^{r} h_i h_j (\Psi_{ij}+\Psi_{ji}) < 0$$

则当式（6－28）成立时，式（6－27）成立。由定理 5 可得结论。定理得证。

定理 8：给定不确定线性离散 T－S 模糊系统（6－18）和标量 $\gamma>0$，存在非脆弱状态反馈控制器（6－19），满足乘性控制器增益变化，使闭环系统（6－23）渐近稳定且满足 $\|T_{zw}(z)\|_\infty<\gamma$。如果存在对称正定矩阵 X 及矩阵 $Y_j(i=1,2\cdots,r)$，使下列 LMIs 可解[6]：

$$\Psi_{ii}<0,(i=1,2,\cdots,r)$$

$$\Psi_{ij}+\Psi_{ji}<0,(i<j<r) \tag{6-30}$$

其中：

$$\Psi_{ij}=\begin{bmatrix} -X & 0 & (A_iX+B_{1i}Y_j)^T & (CX+DY_j)^T \\ 0 & -\gamma^2 I & B_2^T & 0 \\ (A_iX+B_{1i}Y_j) & B_2 & -X & 0 \\ (CX+DY_j) & 0 & 0 & -I \\ 0 & 0 & \lambda_1 H_1^T & 0 \\ (E_1X+E_2Y_j) & 0 & 0 & 0 \\ 0 & 0 & \lambda_2 H_3^T B_{1i}^T & \lambda_2 H_3^T D^T \\ XE_4 & 0 & 0 & 0 \end{bmatrix} \rightarrow$$

$$\left.\begin{matrix} 0 & (E_1X+E_2Y_j)^T & 0 & XE_4^T \\ 0 & 0 & 0 & 0 \\ \lambda_1H_1 & 0 & \lambda_2B_{1i}H_3 & 0 \\ 0 & 0 & \lambda_2DH_3 & 0 \\ -\lambda_1I & 0 & 0 & 0 \\ 0 & -\lambda_1I & \lambda_2E_2H_3 & 0 \\ 0 & \lambda_2H_3^TE_2^T & -\lambda_2I & 0 \\ 0 & 0 & 0 & -\lambda_2I \end{matrix}\right] < 0 \tag{6-31}$$

则存在具有 H_∞ 干扰抑制水平 γ 非脆弱状态反馈控制器为：

$$u(k)=(K+\Delta K)x(t)=(I+H_3FE_4)YX^{-1}x(t)$$

闭环系统（6-23）的二次型性能指标满足：

$$J\leqslant x_0^TX^{-1}x_0+\gamma^2\|w(k)\|_2^2$$

6.2.3 仿真示例

将 6.1.3 节倒立摆运动模型离散化（采样时间为 $T_s=0.1\text{s}$），得到本节模型。

T-S 模糊规则如下：

R^1 IF $x_1(k)$ is 0 THEN $x(k+1)=A_1x(k)+B_1u(k)+E_1w(k)$

$z(k)=Cx(k)+Du(k)$

R^2 IF $x_1(k)$ is $\pm\pi/3$ THEN $x(k+1)=A_2x(k)+B_2u(k)+E_2w(k)$

$z(k)=Cx(k)+Du(k)$

其中：$x(k)=[x_1(k)\quad x_2(k)]^T$，$x_1(k)$ 为摆杆与垂直方向的夹角；$x_2(t)$ 摆杆的角速度。

外部扰动：$w(k)=\sin(2\pi k)$。

性能指标满足：$J=\sum_{k=0}^{\infty}[x^T(t)Qx(t)+u^T(t)Ru(t)]$，且：

$$A_1 = \begin{bmatrix} 1.0877 & 0.1029 & 0 & 0 \\ 1.7797 & 1.0877 & 0 & 0 \\ -0.0088 & -0.0003 & 1.0 & 0.1 \\ -0.1780 & -0.0088 & 0 & 1.0 \end{bmatrix};\ B_1 = \begin{bmatrix} -0.0009 \\ -0.0182 \\ 0.0006 \\ 0.0118 \end{bmatrix};$$

$$A_2 = \begin{bmatrix} 1.0490 & 0.1016 & 0 & 0 \\ 0.9881 & 1.0490 & 0 & 0 \\ -0.0077 & -0.0003 & 1.0 & 0.1 \\ -0.1552 & -0.0077 & 0 & 1.0 \end{bmatrix};\ B_2 = \begin{bmatrix} -0.0004 \\ -0.0079 \\ 0.0005 \\ 0.0104 \end{bmatrix};$$

$$Q = eye(4);R = 0.0001;C = \begin{bmatrix} 1 & 0 & 0 & 0 & 0 \\ 0 & 1 & 0 & 0 & 0 \\ 0 & 0 & 1 & 0 & 0 \\ 0 & 0 & 0 & 1 & 0 \end{bmatrix}^T;D = [0 \quad 0 \quad 0 \quad 0 \quad 0.1]^T。$$

隶属函数：

$$h_1(x_1) = \frac{0.5 - 0.5/(1 + \exp(-7(x_1 - \pi/4)))}{1 + \exp(-7(x_1 + \pi/4))}, h_2(x_1) = 1 - h_1(x_1)$$

由定理 7，取 $\gamma = 1$，得到：

$$X = \begin{bmatrix} 0.04444 & -0.1272 & 0.0020 & -0.0077 \\ -0.1272 & 0.4570 & -0.0356 & -0.1120 \\ 0.0020 & 0.0356 & 0.2798 & -0.2064 \\ -0.0077 & -0.1120 & -0.2064 & 0.3338 \end{bmatrix}$$

$$Y_1 = [2.8677 \quad -3.2643 \quad 0.2464 \quad -5.0525]$$

$$Y_2 = [1.0580 \quad 3.9005 \quad 0.0701 \quad -5.5495]$$

控制增益：

$$K_1 = [317.33 \quad 86.85 \quad 6.046 \quad 25.05]$$

$$K_2 = [437.36 \quad 141.57 \quad 17.15 \quad 51.55]$$

初始条件：

$$x_0 = [10^0 \quad 0 \quad 0 \quad 0 \vdots 30^0 \quad 0 \quad 0 \quad 0 \vdots 45^0 \quad 0 \quad 0 \quad 0]$$

仿真结果如图 6-3、图 6-4 所示。

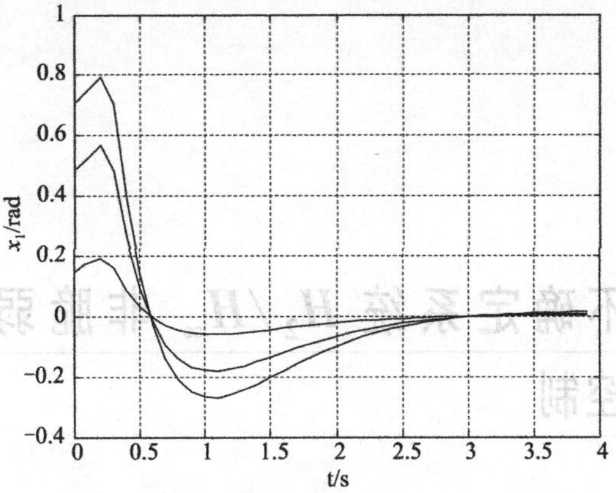

图 6－3　状态变量变化曲线（仅显示第一分量）

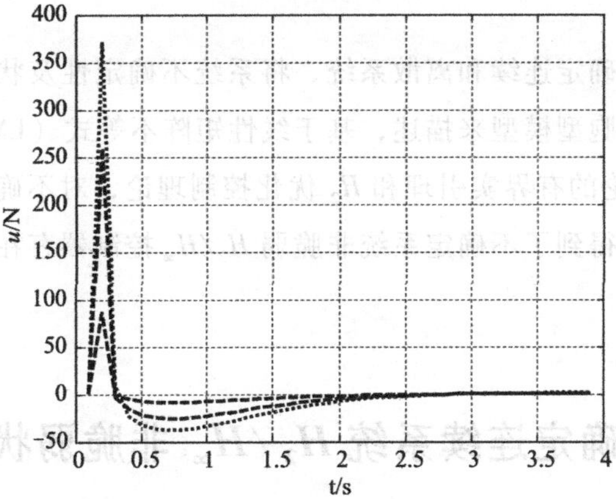

图 6－4　系统输入变化曲线

6.3　本章小结

在对不确定性线性连续、离散系统的优化控制的研究中，本章将 H_∞ 优化控制理论与 T－S 模糊模型相结合，设计了使二次型性能指标达到极小的保性能控制器，并对倒立摆系统进行了仿真。结果表明，对倒立摆这种不稳定系统，使用本章的方法能对其进行有效控制，使闭环系统达到稳定并且具有好的鲁棒性。

第7章

不确定系统 H_2/H_∞ 非脆弱状态反馈控制

本章针对不确定连续和离散系统，将系统不确定性及状态反馈控制器中的不确定性用多胞型模型来描述，基于线性矩阵不等式（LMI）凸优化技术，以及 H_∞ 控制理论的有界实引理和 H_2 优化控制理论，对不确定系统进行了多目标优化控制，得到了不确定系统非脆弱 H_2/H_∞ 控制器存在的充要条件。

7.1 不确定连续系统 H_2/H_∞ 非脆弱状态反馈控制

7.1.1 问题描述

在实际设计问题中，人们通常需要所设计的系统满足多种性能要求。特别地，对系统：

$$\begin{aligned}\dot{x}(t) &= Ax(t) + Bu(t) + Ew(t) \\ z(t) &= Cx(t) + Du(t)\end{aligned} \tag{7-1}$$

其中：$\dot{x}(t) \in R^n$、$u(t) \in R^m$、$w(t) \in R^p$ 和 $z(t) \in R^q$ 分别为状态向量、输入向量、外界干扰向量和输出向量；A,B,E,C,D 为适维常数矩阵。

我们希望设计一个控制器，使闭环系统是渐近稳定的，且从 $w(t)$ 到 $z(t)$ 的闭环传递函数 T_{wz} 的 H_∞ 范数不超过一个给定的上界，以保证闭环系统对由 $w(t)$ 带来的不确定性具有鲁棒稳定性；同时使闭环传递函数 T_{wz} 的 H_2 范数度量的系统性能处于一个好的水平。这个问题称为系统（7-1）的 H_2/H_∞ 控制问题。

另外，对于一个实际系统，除了外界干扰带来的不确定性外，系统的结构往往是不确定的。考虑如下不确定系统：

$$\begin{aligned} \dot{x}(t) &= A(\alpha)x(t) + B(\alpha)u(t) + Ew(t) \\ z(t) &= Cx(t) + Du(t) \end{aligned} \tag{7-2}$$

其中：系统矩阵 $A(\alpha)$ 和输入矩阵 $B(\alpha)$ 是不确定的，且可以表示成如下多胞型模型的形式：

$$\Omega \equiv \{[A(\alpha),B(\alpha)]:[A(\alpha),B(\alpha)] = [A_0,B_0] + [\Delta A,\Delta B] = [A_0,B_0] + \sum_{i=1}^{r}\alpha_i[A_i,B_i], \sum_{i=1}^{r}\alpha_i = 1, \alpha_i \geq 0, i = 1,2,\cdots,r\} \tag{7-3}$$

其中：A_0 和 B_0 为标称系统矩阵和标称输入矩阵；$A_i,B_i,(i=1,2,\cdots,r)$ 为适维常数矩阵。

设计含有不确定参数的控制器：

$$u = K(\alpha)x \tag{7-4}$$

其中：$K(\alpha) = K_0 + \Delta K = K_0 + \sum_{i=1}^{r}\alpha_i K_i, \sum_{i=1}^{r}\alpha_i = 1, \alpha_i \geq 0(i=1,2,\cdots,r)$。

其中：K_0 为标称控制增益阵，$K_i(i=1,2,\cdots,r)$ 为适维常数矩阵。

将式（7-4）代入式（7-2），得到闭环系统为：

$$\begin{aligned} \dot{x}(t) &= \tilde{A}_{cl}x(t) + Ew(t) \\ z(t) &= \tilde{C}_{cl}x(t) \end{aligned} \tag{7-5}$$

其中：$\tilde{A}_{cl} = A(\alpha) + B(\alpha)K(\alpha)$，$\tilde{C}_{cl} = C + DK(\alpha)$。

设计的目标是使闭环系统（7-5）是渐近稳定的，且满足 H_2/H_∞ 性能指标的要求。

7.1.2 H_2/H_∞ 非脆弱状态反馈控制

首先，讨论系统（7－1）的状态反馈 H_2/H_∞ 控制律设计方法。假定系统的状态是可以直接测量得到的，则对于状态反馈：

$$u(t)=Kx(t) \tag{7-6}$$

系统（7－1）的闭环系统为：

$$\begin{aligned}\dot{x}(t)&=A_{cl}x(t)+Ew(t)\\ z(t)&=C_{cl}x(t)\end{aligned} \tag{7-7}$$

其中：$A_{cl}=A+BK, C_{cl}=C+DK$。

引理1：闭环系统（7－7）渐近稳定，且满足 $\|T_{wz}\|_\infty<\gamma_1$ 的充要条件是存在对称正定阵 P，使下式成立：

$$\begin{bmatrix} A_{cl}^{\mathrm{T}}P+PA_{cl} & PE & C_{cl}^{\mathrm{T}} \\ E^{\mathrm{T}}P & -\gamma_1 I & 0 \\ C_{cl} & 0 & -\gamma_1 I \end{bmatrix}<0 \tag{7-8}$$

引理2：闭环系统（7－7）是渐近稳定的且满足 $\|T_{wz}\|_2<\gamma_2$ 的充要条件是存在对称正定阵 $X>0$，使式（7－9）和式（7－10）成立。

$$A_{cl}X+XA_{cl}^T+EE^T<0 \tag{7-9}$$

$$\mathrm{tr}(C_{cl}XC_{cl})<\gamma_2 \tag{7-10}$$

定理1：对于给定的标量 $\gamma_1>0$，$\gamma_2>0$，系统（7－1）存在 H_2/H_∞ 状态反馈控制律（7－6），当且仅当存在对称正定矩阵 $X>0$，$Z>0$ 和矩阵 W，使下列 LMIs 成立：

$$\begin{bmatrix} AX+BW+XA^T+W^TB^T & * & * \\ E^T & -\gamma_1 I & * \\ CX+DW & 0 & -\gamma_1 I \end{bmatrix}<0 \tag{7-11}$$

$$AX+BW+XA^T+W^TB^T+EE^T<0 \tag{7-12}$$

$$\begin{bmatrix} -Z & * \\ (CX+DW)^T & -X \end{bmatrix}<0 \tag{7-13}$$

$$\mathrm{tr}(Z) < \gamma_2 \tag{7-14}$$

进而，如果矩阵不等式（7-11）至（7-14）存在一个可行解 X^*，W^*，Z^*，则 $u(t) = W^*(X^*)^{-1}x(t)$ 是系统（7-1）的一个 H_2/H_∞ 状态反馈控制律。

证明：当引理2和引理3的条件同时满足时，即可得到所要求的结果。由于：

$$A_{cl} = A + BK, C_{cl} = C + DK$$

根据引理2，给不等式（7-8）左边的矩阵分别左乘和右乘矩阵 $\mathrm{diag}\{P^{-1}, I, I\}$，定义 $X = P^{-1}$，$W = KX$，则可得到式（7-11）。

根据引理3，在式（7-9）中，令 $W = KX$，可得到式（7-12）。

由于对满足 $M_1 < M_2$ 的矩阵 M_1 和 M_2，有 $\mathrm{Trace}\{M_1\} < \mathrm{Trace}\{M_2\}$，故通过引进一个对称矩阵 Z，可得矩阵不等式（7-10）等价于如下两个矩阵不等式：

$$(C + DK)X(C + DK)^T < Z$$
$$\mathrm{tr}(Z) < \gamma_2$$

对于上述第一个不等式，利用矩阵的Schur补性质，可知其等价于：

$$\begin{bmatrix} -Z & (C + DK)X \\ X(C + DK)^T & -X \end{bmatrix} < 0$$

定义 $W + KX$，即可得式（7-13）。第二个不等式即为式（7-14）。定理得证。

定理2：对于给定的标量 $\gamma_1 > 0$，$\gamma_2 > 0$，系统（7-2）存在 H_2/H_∞ 状态反馈控制律（7-6），当且仅当存在对称正定矩阵 $X > 0$，$Z > 0$ 和矩阵 W，使下列的LMIs成立：

$$\begin{bmatrix} \Gamma_i & * & * \\ E^T & -\gamma_1 I & * \\ CX + DW & 0 & -\gamma_1 I \end{bmatrix} < 0 \tag{7-15}$$

$$\Gamma_i + EE^T < 0 \tag{7-16}$$

$$\begin{bmatrix} -Z & * \\ (CX + DW)^T & -X \end{bmatrix} < 0 \tag{7-17}$$

$$\mathrm{tr}(Z) < \gamma_2 \tag{7-18}$$

$$(i = 1,2,\cdots,r)$$

其中：$\Gamma_i = (A_0 + A_i)X + X(A_0 + A_i)^T + (B_0 + B_i)W + W^T(B_0 + B_i)^T(i = 1,2,\cdots,r)$。进而，如果矩阵不等式（7－15）至（7－18）存在一个可行解 X^*，W^*，Z^*，则 $u(t) = W^*(X^*)^{-1}x(t)$ 是系统（7－2）的一个 H_2/H_∞ 状态反馈控制律。

证明：略。

定理3：对于给定的标量 $\gamma_1 > 0$，$\gamma_2 > 0$，系统（7－2）存在 H_2/H_∞ 非脆弱状态反馈控制律（7－4），当且仅当存在对称正定矩阵 $X > 0$，$Z > 0$ 和矩阵 W，使下列 LMIs 成立：

$$\begin{bmatrix} \Lambda_{ii} & * & * \\ E^T & -\gamma_1 I & 0 \\ CX + D(W + K_iX) & 0 & -\gamma_1 I \end{bmatrix} < 0 \tag{7-19}$$

$$\begin{bmatrix} \Lambda_{ii} & * & * \\ E^T & -\gamma_1 I & 0 \\ CX + D(W + K_iX) & 0 & -\gamma_1 I \end{bmatrix} < 0 \tag{7-20}$$

$$\Lambda_{ii} + EE^T < 0 \tag{7-21}$$

$$\Lambda_{ij} + EE^T < 0 \tag{7-22}$$

$$\begin{bmatrix} -Z & * \\ (CX + D(W + K_iX))^T & -X \end{bmatrix} < 0 \tag{7-23}$$

$$\mathrm{tr}(Z) < \gamma_2 \tag{7-24}$$

$$i = 1,2,\cdots,r; i < j < r$$

其中：$\Lambda_{ii} = (A_0 + A_i)X + X(A_0 + A_i)^T + (B_0 + B_i)(W + K_jX) + (W + K_jX)^T(B_0 + B_i)^T(i, j = 1,2,\cdots,r)$。进而，如果矩阵不等式（7－19）至（7－24）存在一个可行解 X^*，W^*，Z^*，则 $u(t) = K(\alpha)x(t) = (K_0 + \Delta K)x(t) = (W^*(X^*)^{-1} + \Delta K)x(t)$ 是系统（7－2）的一个 H_2/H_∞ 非脆弱状态反馈控制律。

证明：在闭环系统（7－5）中：

$$\tilde{A}_{cl} = A(\alpha) + B(\alpha)K(\alpha)$$

$$= (A_0 + \sum_{i=1}^{r} \alpha_i A_i) + (B_0 + \sum_{i=1}^{r} \alpha_i B_i)(K_0 + \sum_{j=1}^{r} \alpha_j K_j)$$

$$\tilde{C}_{cl} = C + DK(\alpha) = C + D(K_0 + \sum_{j=1}^{r} \alpha_j K_j)$$

$$i, j = 1,2,\cdots,r$$

由 Schur 补引理中的式（7－8），有：

$$\begin{bmatrix} \tilde{A}_{cl}^{\mathrm{T}}P + P\tilde{A}_{cl} & PE & C_{cl}^{\mathrm{T}} \\ E^T P & -\gamma_1 I & 0 \\ \tilde{C}_{cl} & 0 & -\gamma_1 I \end{bmatrix} < 0$$

于是，给上式左边的矩阵分别左乘和右乘矩阵 diag $\{P^{-1},I,I\}$ ，定义 $X = P^{-1}, W = K_0X$ ，则可得：

$$\sum_{i=1}^{r}\sum_{j=1}^{r} \alpha_i\alpha_j\Theta_{ij} < 0 \tag{7-25}$$

其中：

$$\Theta_{ij} = \begin{bmatrix} \Lambda_{ij} & * & * \\ E^T & -\gamma_1 I & * \\ CX + D(W + K_jX) & 0 & -\gamma_1 I \end{bmatrix} < 0$$

且 $\Lambda_{ij} = (A_0 + A_i)X + X(A_0 + A_i)^T + (B_0 + B_i)(W + K_jX) + (W + K_jX)^T(B_0 + B_i)^T(i, j = 1,2,\cdots,r)$。

由于 $\sum_{i=1}^{r} \alpha_i = \sum_{j=1}^{r} \alpha_j = 1$ ，且 $\alpha_i \geqslant 0, \alpha_j \geqslant 0$ ，于是，式（7－25）成立等价于式（7－19）和式（7－20）成立。

由引理 2 中的式（7－10），有：

$$\tilde{A}_{cl}X + X\tilde{A}_{cl}^{T} + EE^T = \sum_{i=1}^{r}\sum_{j=1}^{r} \alpha_i\alpha_j\Lambda_{ij} + EE^T < 0 \tag{7-26}$$

易知，式（7－26）成立等价于式（7－21）和式（7－22）成立。

由引理 2 中的式（7－10），有：

$$\mathrm{tr}(\tilde{C}_{cl}X\tilde{C}_{cl}) < \gamma_2$$

与证明定理1相同的方法，可得式（7－23）和式（7－24）。定理得证。

7.1.3 仿真示例

建立倒立摆系统运动方程如下：

$$\dot{x}_1 = x_2$$

$$\dot{x}_2 = \frac{g\sin x_1 - amlx_2^2\sin(2x_1)/2 - au\cos x_1}{4l/3 - aml\cos^2 x_1} + w$$

其中：x_1 为摆的角度；x_2 为摆的角速度；w 为扰动。$g = 9.8\mathrm{m/s^2}$ 为重力加速度；$M = 8\mathrm{kg}$ 为小车质量；$M = 2\mathrm{kg}$ 为摆杆质量；$a = 1/(M + m)$；$l = 0.5\mathrm{m}$ 为摆杆转动轴心到杆质心的长度。

略去高阶微小量，写成状态方程形式：

$$\dot{X}(t) = \bar{A}X(t) + \bar{B}u(t) + Ew(t)$$
$$Y(t) = CX + Du$$

其中：$X = [x_1, x_2]^T$；且：$\bar{A} = \begin{bmatrix} 0 & 1 \\ \dfrac{2g}{\pi(4l/3 - aml\cos^2 x_1)} & 0 \end{bmatrix}$，

$$\bar{B} = \begin{bmatrix} 0 \\ \dfrac{a\cos x_1}{4l/3 - aml\cos^2 x_1} \end{bmatrix}, E = \begin{bmatrix} 0 \\ 1 \end{bmatrix}, C = [1 \quad 0], D = 0。$$

$\bar{A}$，$\bar{B}$ 矩阵为含有状态变量 x_1 的不确定阵，可用多胞型模型逼近，即：

$$[\bar{A}, \bar{B}] = [A(\alpha), B(\alpha)] = [A_0, B_0] + \sum_{i=1}^{2} \alpha_i [A_i, B_i], \sum_{i=1}^{2} \alpha_i = 1, \alpha_i \geqslant 0$$

且：$A_0 = \begin{bmatrix} 0 & 1 \\ 17.2941 & 0 \end{bmatrix}, B_0 = [0 \quad -0.1765]^T, A_1 = \begin{bmatrix} 0 & 1 \\ 10.6734 & 0 \end{bmatrix}$，

$$B_1 = [0 \quad -0.1550]^T; A_2 = \begin{bmatrix} 0 & 1 \\ 9.3600 & 0 \end{bmatrix}, B_2 = [0 \quad -0.0052]^T。$$

由定理3可得：

$$X = \begin{bmatrix} 1.2232 & -2.3255 \\ -2.3255 & 9.5744 \end{bmatrix} < 0$$

$$W = [164.8855 \quad -154.8441]$$

标称控制增益阵为：

$$K_0 = WX^{-1} = [193.3041 \quad 30.7788]$$

图7－1所示为系统的状态向量的初始值分别取[20°,0]，[45°,0]，[60°,0]时，摆的角度变化曲线；图7－2所示为系统在上述初始值的情况下系统输入的变化曲线。

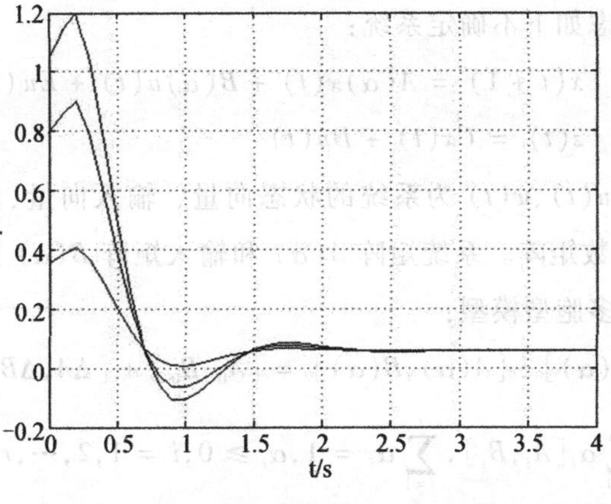

图7－1　状态变量变化曲线（仅显示 x_1）

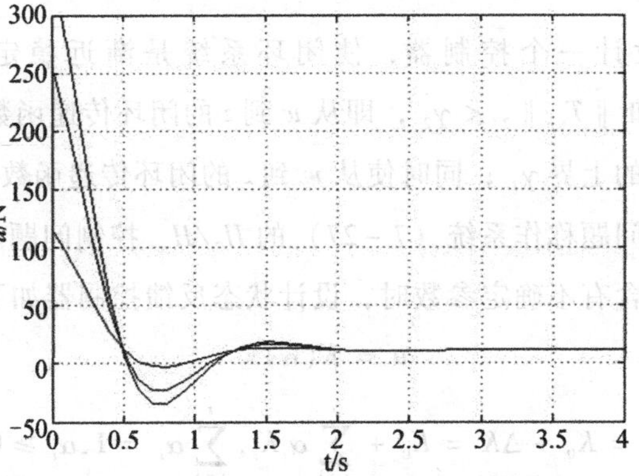

图7－2　系统输入曲线

7.2 不确定离散系统 H_2/H_∞ 非脆弱状态反馈控制

7.2.1 问题的描述

对于一个实际系统，除了外界干扰带来的不确定性外，系统的结构往往是不确定的。考虑如下不确定系统：

$$\begin{aligned} x(t+1) &= A(\alpha)x(t) + B(\alpha)u(t) + Ew(t) \\ z(t) &= Cx(t) + Du(t) \end{aligned} \tag{7-27}$$

其中：$x(t)$、$u(t)$、$w(t)$ 为系统的状态向量、输入向量、外界干扰向量；E,C,D 为适维常数矩阵。系统矩阵 $A(\alpha)$ 和输入矩阵 $B(\alpha)$ 是不确定的，且可以表示成如下多胞型模型：

$$\Omega \equiv \{[A(\alpha),B(\alpha)]:[A(\alpha),B(\alpha)] = [A_0,B_0] + [\Delta A,\Delta B] = [A_0,B_0] + \sum_{i=1}^{r}\alpha_i[A_i,B_i], \sum_{i=1}^{r}\alpha_i = 1, \alpha_i \geq 0, i = 1,2,\cdots,r\} \tag{7-28}$$

其中：A_0 和 B_0 为标称系统矩阵和标称输入矩阵；$A_i,B_i,(i = 1,2,\cdots,r)$ 为适维常数矩阵。

我们希望设计一个控制器，使闭环系统是渐近稳定的，并且满足 $\|T_{wz}\|_\infty < \gamma_1$ 和 $\|T_{wz}\|_2 < \gamma_2$，即从 w 到 z 的闭环传递函数 T_{wz} 的 H_∞ 范数不超过一个给定的上界 γ_1；同时使从 w 到 z 的闭环传递函数 T_{wz} 的 H_2 范数尽可能小。这样的问题称作系统（7-27）的 H_2/H_∞ 控制问题。

当控制器中含有不确定参数时，设计状态反馈控制器如下：

$$u = K(\alpha)x \tag{7-29}$$

其中：$K(\alpha) = K_0 + \Delta K = K_0 + \sum_{i=1}^{r}\alpha_i K_i, \sum_{i=1}^{r}\alpha_i = 1, \alpha_i \geq 0, i = 1,2,\cdots,r$。

其中：K_0 为标称控制增益阵；$K_i(i = 1,2,\cdots,r)$ 为适维常数矩阵。

将式（7－29）代入式（7－27），得闭环系统为：

$$\begin{aligned} x(t+1) &= \tilde{A}_{cl}x(t) + Ew(t) \\ z(t) &= \tilde{C}_{cl}x(t) \end{aligned} \tag{7-30}$$

其中：$\tilde{A}_{cl} = A(\alpha) + B(\alpha)K(\alpha), \tilde{C}_{cl} = C + DK(\alpha)$。

7.2.2 非脆弱 H_2/H_∞ 状态反馈控制

引理3：闭环系统（7－30）渐近稳定，且满足 $\|T_{wz}\|_\infty < \gamma_1$ 和 $\|T_{wz}\|_2 < \gamma_2$ 的充要条件是存在对称正定阵 $X > 0$，使下列 LMIs 成立：

$$\begin{bmatrix} -X & 0 & X\tilde{A}_{cl}^T & X\tilde{C}_{cl}^T \\ 0 & -\gamma_1^2 I & E^T & 0 \\ \tilde{A}_{cl}X & E & -X & 0 \\ \tilde{C}_{cl}X & 0 & 0 & -I \end{bmatrix} < 0 \tag{7-31}$$

$$\tilde{A}_{cl}X\tilde{A}_{cl}^T + EE^T - X < 0 \tag{7-32}$$

$$\mathrm{Trace}(\tilde{C}_{cl}X\tilde{C}_{cl}) < \gamma_2 \tag{7-33}$$

定义：对于闭环系统（7－30），存在式（7－29）表示的状态反馈控制律，如果同时满足 $\|T_{wz}\|_\infty < \gamma_1$ 和 $\|T_{wz}\|_2 < \gamma_2$，则此控制器为非脆弱 H_2/H_∞ 状态反馈控制器。

首先讨论系统（7－27）为标称系统时的情形。此时，系统为：

$$\begin{aligned} x(t+1) &= A_0x(t) + B_0u(t) + Ew(t) \\ z(t) &= Cx(t) + Du(t) \end{aligned} \tag{7-34}$$

具有标称控制器增益的状态反馈控制律如下：

$$u(t) = K_0x(t) \tag{7-35}$$

代入式（7－34），得到闭环系统为：

$$\begin{aligned} x(t+1) &= A_{cl}x(t) + Ew(t) \\ z(t) &= C_{cl}x(t) \end{aligned} \tag{7-36}$$

其中：$A_{cl} = A_0 + B_0K_0, C_{cl} = C + DK_0$。

定理4：对于给定的标量 $\gamma_1 > 0$，$\gamma_2 > 0$，系统（7－34）存在 H_2/H_∞ 状态反馈控制律（7－35），当且仅当存在对称正定矩阵 $X > 0$，$Z > 0$ 和矩阵 W，使下列 LMIs 成立：

$$\begin{bmatrix} -X & 0 & (A_0X + B_0W)^T & (CX + DW)^T \\ * & -\gamma_1^2 I & E^T & 0 \\ * & * & -X & 0 \\ * & * & * & -I \end{bmatrix} < 0 \tag{7-37}$$

$$\begin{bmatrix} -X & (A_0X + B_0W)^T & 0 \\ * & -X & E \\ * & * & -I \end{bmatrix} < 0 \tag{7-38}$$

$$\begin{bmatrix} -Z & (CX + DW) \\ * & -X \end{bmatrix} < 0 \tag{7-39}$$

$$\mathrm{Trace}(Z) < \gamma_2 \tag{7-40}$$

进而，如果矩阵不等式（7－37）至（7－40）存在一个可行解 X^*，W^*，Z^*，则 $u(t) = W^*(X^*)^{-1}x(t)$ 是系统（7－34）的一个 H_2/H_∞ 状态反馈控制律。

证明：在式（7－36）中，由于：

$$A_{cl} = A_0 + B_0K_0, C_{cl} = C + DK_0$$

根据引理2，将上述表达式代入式（7－34）、式（7－35）中，定义 $W = K_0X$，则可得到式（7－40）、式（7－41）。

由于对满足 $M_1 < M_2$ 的矩阵 M_1 和 M_2，有 $\mathrm{Trace}\{M_1\} < \mathrm{Trace}\{M_2\}$，故通过引进一个对称矩阵 Z，可得矩阵不等式（7－36）等价于如下两个矩阵不等式：

$$\begin{cases} (C + DK_0)X(C + DK_0)^T < Z \\ \mathrm{Trace}(Z) < \gamma_2 \end{cases}$$

对于上述第一个不等式，利用矩阵的 Schur 补性质，可知其等价于：

$$\begin{bmatrix} -Z & (C+DK_0)X \\ X(C+DK_0)^T & -X \end{bmatrix} < 0$$

定义 $W=K_0X$，即可得式（7-39）。第二个不等式即为式（7-40）。定理得证。

定理5：对于给定的标量 $\gamma_1>0$，$\gamma_2>0$，不确定系统（7-27）存在 H_2/H_∞ 状态反馈控制律（7-35），当且仅当存在对称正定矩阵 $X>0$，$Z>0$ 和矩阵 W，使下列的LMIs成立：

$$\begin{bmatrix} -X & 0 & \Gamma_i^T & (CX+DW)^T \\ * & -\gamma_1^2 I & E^T & 0 \\ * & * & -X & 0 \\ * & * & * & -I \end{bmatrix} < 0 \tag{7-41}$$

$$\begin{bmatrix} -X & \Gamma_i^T & 0 \\ * & -X & E \\ * & * & -I \end{bmatrix} < 0 \tag{7-42}$$

$$\begin{bmatrix} -Z & (CX+DW) \\ * & -X \end{bmatrix} < 0 \tag{7-43}$$

$$\mathrm{Trace}(Z) < \gamma_2 \tag{7-44}$$

$$i=1,2,\cdots,r$$

其中：$\Gamma_i=(A_0+A_i)X+(B_0+B_i)W, i=1,2,\cdots,r$。进而，如果矩阵不等式（7-41）至（7-44）存在一个可行解 X^*，W^*，Z^*，则 $u(t)=W^*(X^*)^{-1}x(t)$ 是系统（7-27）的一个 H_2/H_∞ 状态反馈控制律。

定理6：对于给定的标量 $\gamma_1>0$，$\gamma_2>0$，不确定系统（7-27）存在非脆弱 H_2/H_∞ 状态反馈控制律（7-29），当且仅当存在对称正定矩阵 $X>0$，$Z>0$ 和矩阵 W，使下列的LMIs成立：

$$\begin{bmatrix} -X & 0 & \Lambda_{ij}^T & XC^T+(W+K_jX)^T D^T \\ * & -\gamma_1^2 I & E^T & 0 \\ * & * & -X & 0 \\ * & * & * & -I \end{bmatrix} < 0 \tag{7-45}$$

$$\begin{bmatrix} -X & \Lambda_{ij}^T & 0 \\ * & -X & E \\ * & * & -I \end{bmatrix} < 0 \tag{7-46}$$

$$\begin{bmatrix} -Z & (CX + D(W + K_i X)) \\ * & -X \end{bmatrix} < 0 \tag{7-47}$$

$$\mathrm{Trace}(Z) < \gamma_2 \tag{7-48}$$

$$i, j = 1, 2, \cdots, r$$

其中：$\Lambda_{ij} = (A_0 + A_i)X + (B_0 + B_i)(W + K_j X), i, j = 1, 2, \cdots, r$。进而，如果矩阵不等式（7－45）至（7－48）存在一个可行解 X^*，W^*，Z^*，则 $u(t) = K(\alpha)x(t) = (K_0 + \Delta K)x(t) = (W^*(X^*)^{-1} + \Delta K)x(t)$ 是不确定系统（7－27）的一个非脆弱 H_2/H_∞ 状态反馈控制律。

证明：在闭环系统（7－30）中：

$$\begin{aligned} \tilde{A}_{cl} &= A(\alpha) + B(\alpha)K(\alpha) \\ &= (A_0 + \sum_{i=1}^{r} \alpha_i A_i) + (B_0 + \sum_{i=1}^{r} \alpha_i B_i)(K_0 + \sum_{j=1}^{r} \alpha_j K_j) \\ \tilde{C}_{cl} &= C + DK(\alpha) = C + D(K_0 + \sum_{j=1}^{r} \alpha_j K_j) \end{aligned}$$

在引理 3 式（7－31）中，定义 $W = K_0 X$，则可得：

$$\sum_{i=1}^{r} \sum_{j=1}^{r} \alpha_i \alpha_j \Theta_{ij} < 0 \tag{7-49}$$

其中：Θ_{ij}即为式（7－45）。由于 $\sum_{i=1}^{r} \alpha_i = \sum_{j=1}^{r} \alpha_j = 1$，且 $\alpha_i \geqslant 0, \alpha_j \geqslant 0$，于是，式（7－49）成立等价于式（7－45）成立。

由引理 3 中的式（7－32），有：

$$\sum_{i=1}^{r} \sum_{j=1}^{r} \alpha_i \alpha_j \Phi_{ij} < 0 \tag{7-50}$$

其中：Φ_{ij}即为式（7－46）。易知，式（7－50）成立等价于式（7－46）成立。

由引理 3 中的式（7－33），与证明定理 4 相同的方法，可得式（7－47）、式（7－48）。定理得证。

7.2.3 仿真示例

考虑一不确定离散模型如下：

$$x(t+1) = A(\alpha)x(t) + B(\alpha)u(t) + Ew(t)$$
$$z(t) = Cx(t) + Du(t)$$

其中：$[A(\alpha),B(\alpha)] = [A_0,B_0] + \sum_{i=1}^{2} \alpha_i[A_i,B_i]$，$\sum_{i=1}^{2} \alpha_i = 1,\alpha_i \geqslant 0,i = 1,2$。

且：$A_0 = \begin{bmatrix} 1.0217 & 0.0504 \\ 0.8709 & 1.0217 \end{bmatrix}, B_0 = \begin{bmatrix} -0.0002 \\ -0.0089 \end{bmatrix}, A_1 = \begin{bmatrix} 1.0158 & 0.0503 \\ 0.6349 & 1.0158 \end{bmatrix}$,

$B_1 = \begin{bmatrix} -0.0001 \\ -0.0039 \end{bmatrix}, A_2 = \begin{bmatrix} 1.0073 & 0.0501 \\ 0.2933 & 1.0073 \end{bmatrix}, B_2 = \begin{bmatrix} -0.0001 \\ -0.0044 \end{bmatrix}, C = [1 \quad 0]$,

$D = 0.08, E = [0 \quad 0.01]^T$。

令 $\gamma_1 = \gamma_2 = 1$，根据定理6，应用 Matlab 软件的 LMI 工具箱中的 mincx 求解器，可得：

$$X = \begin{bmatrix} 0.0000 & -0.0003 \\ -0.0003 & 0.0049 \end{bmatrix} > 0, W = [-0.0192 \quad 0.4554], Z = 0.3105,$$

$K = WX^{-1} = 1.0^3 \times [1.4678 \quad 0.1694]$。

闭环系统的系统矩阵为：

$$\tilde{A}_{cl} = \begin{bmatrix} 0.8725 & 0.0337 \\ -5.1125 & 0.3524 \end{bmatrix}$$

其特征值为 $\lambda_{1,2} = 0.6125 \pm 0.3237i$，并且在单位圆内，故闭环系统稳定。

7.3 本章小结

本章将 H_∞ 鲁棒控制理论和 H_2 优化控制理论相结合，将连续和离散时间系统的不确定性和控制器的不确定性用多胞型模型来描述，设计闭环传递函数满足混合 H_2/H_∞ 性能指标，对不确定系统进行了多目标优化控制。运用 LMI 凸优化技术，得到具有加性增益变化的非脆弱 H_2/H_∞ 控制器存在的充要条件。仿真结果表明，本章提出的算法具有较好的鲁棒性。

第8章

基于滚动优化原理不确定系统非脆弱 H_∞ 控制

本章将系统的不确定性描述成多胞型模型，针对不确定离散系统，基于LMI凸优化技术，以及控制理论的有界实引理，借鉴了系统具有控制约束的分析方法，以及控制器具有加性增益的非脆弱控制方法，得到了不确定系统具有约束时的非脆弱状态反馈控制器最优解；融合预测控制的滚动优化原理提出了一种滚动时域控制方法；通过滚动优化在线协调控制和非脆弱控制以及系统约束要求，充分利用有限的控制量提高控制性能。

8.1 问题描述

考虑如下不确定离散系统：

$$\begin{aligned} \boldsymbol{x}(k+1) &= \boldsymbol{A}(\alpha)\boldsymbol{x}(k) + \boldsymbol{B}(\alpha)\boldsymbol{u}(\mathrm{k}) + \boldsymbol{E}\boldsymbol{w}(k) \\ \boldsymbol{z}(k) &= \boldsymbol{C}\boldsymbol{x}(k) + \boldsymbol{D}\boldsymbol{u}(k) \end{aligned} \tag{8-1}$$

其中：$\boldsymbol{x}(k)\in\mathbf{R}^n$、$\boldsymbol{u}(k)\in\mathbf{R}^m$、$\boldsymbol{w}(k)\in\mathbf{R}^p$ 为系统的状态向量、输入向量、外界干扰向量；$\boldsymbol{E}$，$\boldsymbol{C}$，$\boldsymbol{D}$ 为适维常数矩阵。系统矩阵 $\boldsymbol{A}(\alpha)$ 和输入矩阵 $\boldsymbol{B}(\alpha)$ 假设为不确定矩阵，且可以表示成如下多胞型模型：

$$\boldsymbol{\Omega} \equiv \{[\boldsymbol{A}(\alpha),\boldsymbol{B}(\alpha)] = [\boldsymbol{A}_0,\boldsymbol{B}_0] + \sum_{i=1}^{r} \alpha_i[\boldsymbol{A}_i,\boldsymbol{B}_i],\ \sum_{i=1}^{r} \alpha_i = 1, \alpha_i \geqslant 0, i = 1,2,\cdots,r\} \tag{8-2}$$

其中：$\boldsymbol{A}_0 \in \mathbf{R}^{n\times n}$和$\boldsymbol{B}_0 \in \mathbf{R}^{n\times m}$为已知的标称系统矩阵和标称输入矩阵；$\boldsymbol{A}_j \in \mathbf{R}^{n\times n}, \boldsymbol{B}_i \in \mathbf{R}^{n\times m}, (i=1,2,\cdots,r)$为常数矩阵；$\alpha_i(i=1,2,\cdots,r)$为非负权系数。

系统的输入向量$\boldsymbol{u}(k)$满足约束条件为：

$$|\boldsymbol{u}_s(k)| \leqslant u_{\max}(s=1,2,\cdots,m) \tag{8-3}$$

其中：$\boldsymbol{u}_s(k)$为$\boldsymbol{u}(k)$的第s个分量；$u_{\max}$为已知常数。

在满足输入约束（8－3）的情况下，同时考虑当控制器中含有不确定参数时，设计非脆弱状态反馈控制器如下：

$$\boldsymbol{u}(k) = \boldsymbol{K}(\alpha)\boldsymbol{x}(\mathrm{k}) \tag{8-4}$$

其中：$\boldsymbol{K}(\alpha) \in \mathbf{R}^{m\times n}$为如下多胞型的形式：

$$\boldsymbol{K}(\alpha) = \boldsymbol{K}_0 + \sum_{i=1}^{r} \alpha_i \boldsymbol{K}_i,$$

$$\sum_{i=1}^{r} \alpha_i = 1, \alpha_i \geqslant 0, i = 1,2,\cdots,r$$

其中：$\boldsymbol{K}_0 \in \mathbf{R}^{m\times n}$为标称控制增益矩阵；$\boldsymbol{K}_i \in \mathbf{R}^{m\times n}(i=1,2,\cdots,r)$为已知常数矩阵。

将式（8－4）代入式（8－1），得到闭环系统为：

$$\begin{aligned} \boldsymbol{x}(k+1) &= \widetilde{\mathbf{A}}_{cl}\boldsymbol{x}(k) + \boldsymbol{E}\boldsymbol{w}(k) \\ \boldsymbol{z}(k) &= \widetilde{\boldsymbol{C}}_{cl}\boldsymbol{x}(k) \end{aligned} \tag{8-5}$$

其中：$\widetilde{\boldsymbol{A}}_{cl} = \boldsymbol{A}(\alpha) + \boldsymbol{B}(\alpha)\boldsymbol{K}(\alpha), \widetilde{\boldsymbol{C}}_{cl} + \boldsymbol{C} + \boldsymbol{D}\boldsymbol{K}(\alpha)$。

8.2 具有约束非脆弱 H_∞ 状态反馈控制

定义：对于闭环系统（8－5），存在式（8－4）表示的非脆弱状态反馈控制律，如果满足式（8－3）表示的系统控制约束，且满足有界实引理，即闭环系统（8－5）渐近稳定，且存在对称正定阵 $\boldsymbol{P}>0$，标量 γ，使式（8－6）成立。

$$\begin{bmatrix} -\boldsymbol{P} & 0 & \widetilde{\boldsymbol{A}}_{cl}^{\mathrm{T}}\boldsymbol{P} & \widetilde{\boldsymbol{C}}_{cl}^{\mathrm{T}} \\ 0 & -\gamma^2\boldsymbol{I} & \boldsymbol{E}^{\mathrm{T}}\boldsymbol{P} & 0 \\ \boldsymbol{P}\widetilde{\boldsymbol{A}}_{cl} & \boldsymbol{PE} & -\boldsymbol{P} & 0 \\ \widetilde{\boldsymbol{C}}_{cl} & 0 & 0 & -\boldsymbol{I} \end{bmatrix}<0 \tag{8-6}$$

则此控制器称为具有控制约束的非脆弱 H_∞ 状态反馈控制器。

定理1：如果闭环系统（8－5）同时满足式（8－3）和式（8－6），则对于给定的标量 $\gamma>0$，存在对称正定矩阵 $\boldsymbol{X}>0$，$\boldsymbol{Z}>0$ 和矩阵 $\boldsymbol{W}$，使下列的LMIs成立：

$$\begin{bmatrix} -\boldsymbol{X} & 0 & \boldsymbol{A}_{ij}^{\mathrm{T}} & \boldsymbol{XC}^{\mathrm{T}}+(\boldsymbol{W}+\boldsymbol{K}_j\boldsymbol{X})^{\mathrm{T}}\boldsymbol{D}^{\mathrm{T}} \\ * & -\gamma^2\boldsymbol{I} & \boldsymbol{E}^{\mathrm{T}} & 0 \\ * & * & -\boldsymbol{X} & 0 \\ * & * & * & -\boldsymbol{I} \end{bmatrix}<0 \tag{8-7}$$

$$i,\ j=1,2,\cdots,r$$

$$\begin{bmatrix} 1 & \boldsymbol{x}^{\mathrm{T}}(k) \\ \boldsymbol{x}(k) & \boldsymbol{X} \end{bmatrix}\geqslant 0 \tag{8-8}$$

$$\begin{bmatrix} \boldsymbol{Z} & \boldsymbol{W}+\boldsymbol{K}_i\boldsymbol{X} \\ \boldsymbol{W}^{\mathrm{T}}+\boldsymbol{XK}_i^{\mathrm{T}} & \boldsymbol{X} \end{bmatrix}\geqslant 0, \tag{8-9}$$

$$i=1,2,\cdots,r$$

$$\boldsymbol{Z}_{ss}\leqslant u_{\max}^2,s=1,2,\cdots,m$$

其中：$\boldsymbol{x}(k)$ 为 k 时刻的状态向量；$\boldsymbol{Z}_{ss}(s=1,2,\cdots,m)$ 为矩阵 $\boldsymbol{Z}$ 的第 s 个对角元素；而且 $\boldsymbol{A}_{ij}=(\boldsymbol{A}_0+\boldsymbol{A}_i)\boldsymbol{X}+(\boldsymbol{B}_0+\boldsymbol{B}_i)(\boldsymbol{W}+\boldsymbol{K}_j\boldsymbol{X}),i,\ j=1,2,\cdots,r$。进而，存在一个可行解 $\boldsymbol{X}^*,\boldsymbol{Z}^*,\boldsymbol{W}^*$，使 $\boldsymbol{u}(k)=\boldsymbol{K}(\alpha)\boldsymbol{x}(k)=(\boldsymbol{W}^*(\boldsymbol{X}^*)^{-1}+\sum_{i=1}^{r}\boldsymbol{K}_i)\boldsymbol{x}(k)$ 是不确定系统（8－1）的一个具有约束（8－3）的非脆弱 H_∞

状态反馈控制律。

证明：在式（8-6）中，令 $X=P^{-1}$，且给不等式两边左乘以和右乘以矩阵 $\mathrm{diag}\{P^{-1},I,P^{-1},I\}$，可得：

$$\begin{bmatrix} -X & 0 & X\widetilde{A}_{cl}^{\mathrm{T}} & X\widetilde{C}_{cl}^{\mathrm{T}} \\ 0 & -\gamma^2 I & E^{\mathrm{T}} & 0 \\ \widetilde{A}_{cl}X & E & -X & 0 \\ \widetilde{C}_{cl}X & 0 & 0 & -I \end{bmatrix}<0 \tag{8-10}$$

因为：

$$\begin{aligned}\widetilde{A}_{cl} &= A(\alpha)+B(\alpha)K(\alpha)\\ &=(A_0+\sum_{i=1}^{r}\alpha_i A_i)+(B_0+\sum_{i=1}^{r}\alpha_i B_i)(K_0+\sum_{j=1}^{r}\alpha_j K_j)\end{aligned}$$

$$\widetilde{C}_{cl}+C+DK(\alpha)=C+D(K_0+\sum_{j=1}^{r}\alpha_j K_j)$$

$$i,\ j=1,2,\cdots,r$$

将 $\widetilde{A}_{cl},\widetilde{C}_{cl}$ 代入式（8-10）中，定义 $W=K_0X$，则可得：

$$\sum_{i=1}^{r}\sum_{j=1}^{r}\alpha_i\alpha_j\,\Theta_{ij}<0 \tag{8-11}$$

其中：

$$\Theta_{ij}=\begin{bmatrix} -X & 0 & \Lambda_{ij}^{\mathrm{T}} & XC^{\mathrm{T}}+(W+K_jX)^{\mathrm{T}}D^{\mathrm{T}} \\ * & -\gamma^2 I & E^{\mathrm{T}} & 0 \\ * & * & -X & 0 \\ * & * & * & -I \end{bmatrix}<0$$

$$\Lambda_{ij}=(A_0+A_i)X+(B_0+B_i)(W+K_jX)$$

$$i,\ j=1,2,\cdots,r$$

由于 $\sum_{i=1}^{r}\alpha_i=\sum_{j=1}^{r}\alpha_j=1$，且 $\alpha_i\geqslant 0,\alpha_j\geqslant 0(i,j=1,2,\cdots,r)$，于是，式（8-11）成立等价于式（8-7）成立。

由式（8-3）、式（8-4），并且令 K_{is} 表示 $K_i(i=0,1,2,\cdots,r)$ 的第 s 行向量，可得：

$$|\boldsymbol{u}_s(k)| = \left| \sum_{i=1}^{r} \alpha_i (\boldsymbol{K}_{0s} + \boldsymbol{K}_{is}) \boldsymbol{x}(k) \right|$$
$$\leqslant \sum_{i=1}^{r} \alpha_i |(\boldsymbol{K}_{0s} + \boldsymbol{K}_{is}) \boldsymbol{x}(k)|$$
$$\leqslant u_{\max} (s = 1, 2, \cdots, m)$$

由于 $\sum_{i=1}^{r} \alpha_i = 1$，因此，上式成立等价于：

$$|(\boldsymbol{K}_{0s} + \boldsymbol{K}_{is}) \boldsymbol{x}(k)| \leqslant u_{\max} (i = 1, 2, \cdots, r; s = 1, 2, \cdots, m)$$

进一步，由 Cauchy - Schwarz 不等式，可得：

$$|(\boldsymbol{K}_{0s} + \boldsymbol{K}_{is}) \boldsymbol{x}(k)|^2 = |(\boldsymbol{K}_{0s} + \boldsymbol{K}_{is}) \boldsymbol{X}^{\frac{1}{2}} \boldsymbol{X}^{-\frac{1}{2}} \boldsymbol{x}(k)|^2$$
$$\leqslant \| (\boldsymbol{K}_{0s} + \boldsymbol{K}_{is}) \boldsymbol{X}^{\frac{1}{2}} \|^2 \| \boldsymbol{X}^{-\frac{1}{2}} \boldsymbol{x}(k) \|^2$$
$$= (\boldsymbol{K}_{0s} + \boldsymbol{K}_{is}) \boldsymbol{X} (\boldsymbol{K}_{0s} + \boldsymbol{K}_{is})^{\mathrm{T}} \boldsymbol{x}^{\mathrm{T}}(k) \boldsymbol{X}^{-1} \boldsymbol{x}(\mathrm{k}) \leqslant \boldsymbol{Z}_{ss} \leqslant u_{\max}^2$$
$$i = 1, 2, \cdots, r; s = 1, 2, \cdots, m \tag{8-12}$$

其中：$\boldsymbol{Z}_{ss}(s = 1, 2, \cdots, m)$为矩阵$\boldsymbol{Z}$的第$s$个对角元素。假设：

$$\boldsymbol{x}^{\mathrm{T}}(k) \boldsymbol{X}^{-1} \boldsymbol{x}(k) \leqslant 1 \tag{8-13}$$

于是，由式（8-12）、式（8-13）可以等价地得到：

$$(\boldsymbol{K}_0 + \boldsymbol{K}_i) \boldsymbol{X} (\boldsymbol{K}_0 + \boldsymbol{K}_i)^{\mathrm{T}} = (\boldsymbol{K}_0 \boldsymbol{X} + \boldsymbol{K}_i \boldsymbol{X}) \boldsymbol{X}^{-1} (\boldsymbol{K}_0 \boldsymbol{X} + \boldsymbol{K}_i \boldsymbol{X})^{\mathrm{T}} \leqslant \boldsymbol{Z} \tag{8-14}$$
$$\boldsymbol{Z}_{ss} \leqslant u_{\max}^2 (i = 1, 2, \cdots, r; s = 1, 2, \cdots, m)$$

令$\boldsymbol{W} = \boldsymbol{K}_0 \boldsymbol{X}$，根据 Schur 补定理，则式（8-13）、式（8-14）可分别写成式（8-8）、式（8-9）的形式。证毕。

在定理1的式（8-7）中，参数γ为给定常数，如果视其为变量，寻求满足式（8-7）、式（8-8）、式（8-9）且γ取最小值的最优控制律，可得到如下的优化问题：

定理2：求解如下优化问题：

$$\min_{\boldsymbol{X}, \boldsymbol{Z}, \boldsymbol{W}, \gamma} \gamma$$
$$\text{s. t. LMIs}(8-7), (8-8), (8-9)$$

如果存在一个最优解 $\boldsymbol{X}^*, \boldsymbol{Z}^*, \boldsymbol{W}^*, \gamma^*$，则 $\boldsymbol{u}(k) = \boldsymbol{K}(\alpha) \boldsymbol{x}(k) = (\boldsymbol{W}^* (\boldsymbol{X}^*)^{-1} + \sum_{i=1}^{r} \boldsymbol{K}_i) \boldsymbol{x}(k)$是不确定系统（8-1）的一个具有约束的最优非脆弱$H_\infty$状态反馈控制律。

根据滚动优化原理，确定控制律 $\boldsymbol{u}(k)$ 的步骤如下：

步骤 1：初始化，$k=0$。

步骤 2：获取状态值 $\boldsymbol{x}(k)$，解优化问题。如果优化问题有解，则计算出 $\boldsymbol{K}_0$，并转到步骤 3；如果优化问题不可解，则解可行性问题；如果可行性问题有解，则计算出 $\boldsymbol{K}_0$ 并转到步骤 3，如果可行性问题无解，则取 $\boldsymbol{K}_0(k)=\boldsymbol{K}_0(k-1)$。

步骤 3：将控制律 $\boldsymbol{u}(k)=(\boldsymbol{K}_0+\sum_{i=1}^{r}\alpha_i\boldsymbol{K}_i)\boldsymbol{x}(k)$ 应用于系统（8－1），$k=k+1$，回到步骤 2。

8.3 仿真示例

建立一阶倒立摆非线性系统运动方程如下：

$$\dot{x}_1=x_2$$

$$\dot{x}_2=\frac{\mathrm{g}\sin x_1-\mathrm{amL}x_2^2\sin(2x_1)/2-\mathrm{a}u\cos x_1}{4\mathrm{L}/3-\mathrm{amL}\cos^2 x_1}+w$$

其中，x_1 为摆的角度；x_2 为摆的角速度；w 为外界扰动；u 为水平作用力；$\mathrm{g}=9.8\mathrm{m/s^2}$ 为重力加速度；$\mathrm{M}=8\mathrm{kg}$ 为小车质量；$\mathrm{m}=2\mathrm{kg}$ 为摆杆质量；$\mathrm{a}=1/(\mathrm{M}+\mathrm{m})$；$\mathrm{L}=0.5\mathrm{m}$ 为摆杆转动轴心到杆质心的长度。

将此非线性模型在系统的平衡点处线性化，得到系统的状态方程：

$$\dot{\boldsymbol{x}}(t)=\boldsymbol{A}\boldsymbol{x}(t)+\boldsymbol{B}u(t)+\boldsymbol{E}w(t)$$

$$z=\boldsymbol{C}\boldsymbol{x}(t)+Du(t)$$

其中：$\boldsymbol{x}(t)=[x_1,x_2]^{\mathrm{T}}$。将此状态方程以时间 $\mathrm{T}=0.5\mathrm{s}$ 离散化，得到离散状态方程如下：

$$\boldsymbol{x}(k+1)=\boldsymbol{A}(\alpha)\boldsymbol{x}(k)+\boldsymbol{B}(\alpha)\boldsymbol{u}(k)+\boldsymbol{E}w(k)$$

$$z(k)=\boldsymbol{C}\boldsymbol{x}(k)+Du(k)$$

其中：$[\boldsymbol{A}(\alpha),\boldsymbol{B}(\alpha)]=[\boldsymbol{A}_0,\boldsymbol{B}_0]+\sum_{i=1}^{2}\alpha_i[\boldsymbol{A}_i,\boldsymbol{B}_i]$，$\sum_{i=1}^{2}\alpha_i=1,\alpha_i\geqslant 0$，$i=1,2$。

且：$A_0=\begin{bmatrix}2.1248 & 0.4508\\ 7.7966 & 2.1248\end{bmatrix}, B_0=\begin{bmatrix}-0.0115\\ -0.0796\end{bmatrix}, A_1=\begin{bmatrix}1.7877 & 0.4170\\ 5.2664 & 1.7877\end{bmatrix}$,

$B_1=\begin{bmatrix}-0.0049\\ -0.0325\end{bmatrix}, A_2=\begin{bmatrix}1.3431 & 0.3706\\ 2.1687 & 1.3431\end{bmatrix}, B_2\begin{bmatrix}-0.0052\\ -0.0326\end{bmatrix}, C=[1\quad 0]$,

$d=0.08, E=[0\quad 0.01]^{\mathrm{T}}$。

控制约束：

$$|u(k)|\leqslant u_{\max}=10$$

外界干扰：

$$w(k)=100\sin(\pi k)$$

假设控制律增益摄动为：

$$\sum_{i=1}^{2}\alpha_i K_i, \sum_{i=1}^{2}\alpha_i=1, \alpha_i\geqslant 0, i=1,2$$

其中：$K_1=K_2=[0.05,0]$；状态变量的初始值取为：$x_0=\left[\frac{\pi}{6},0\right]$。

根据定理2，应用 Matlab 软件的 LMI 工具箱中的 mincx 求解器，可得 $\gamma_{\min}=3.0$；标称控制器增益 $K_0(k)=W^*(X^*)^{-1}$。表 8－1 所示为 K_0 随时刻 k 的变化规律。

表 8－1　　标称控制律 K_0 (k) (k=1:1:12)

k	K_0^1	K_0^2	k	K_0^1	K_0^2
1	117.613	31.472	7	128.114	33.802
2	120.231	32.095	8	128.115	33.802
3	123.337	32.805	9	128.142	33.806
4	126.841	33.531	10	128.141	33.806
5	128.129	33.803	11	128.142	33.806
6	128.127	33.804	12	128.141	33.806

将本章算法称作算法一，不考虑滚动优化原理的算法称作算法二。图 8－1至图 8－4 对算法一与算法二做了比较。

图 8－1 所示为算法一与算法二求得的标称控制律增益变化趋势。在前 5 步，算法一求得的标称控制律的两个分量都在增加，第 6 步以后，此控制律的两个分量趋于稳定（即图 8－1 中的 $K_0(k)=[K_1(k),K_2(k)]$）；而算法二

求得的控制律自始至终都保持不变（即图 8－1 中的 $KK=[KK_1,KK_2]=[118.8618,30.7877]$）。算法一得到的标称控制律更能反映系统及控制律中的不确定性，是动态变化的；而算法二得到的控制律是静态的。

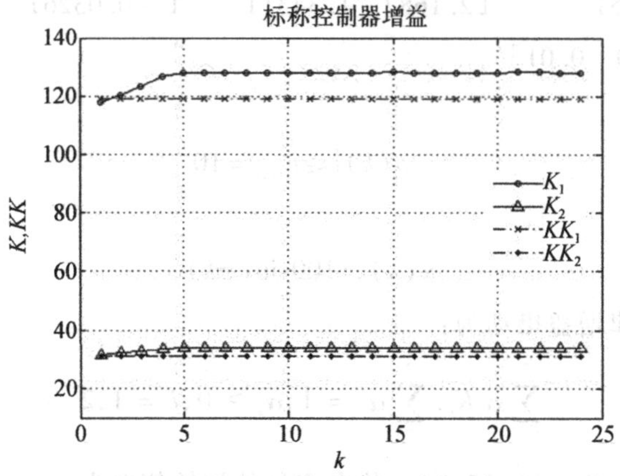

图 8－1　标称控制器增益变化趋势

算法一与算法二求得的控制律变化趋势如图 8－2 所示。可见算法一得到的控制律（图 8－2 中的 u），开始时刻具有较大的幅值，在时刻 3 下降到最低谷，然后回升，第 6 时刻后趋于平稳；算法二求得的控制律（图 8－2 中的 uu），控制律有较大的起伏，直到第 15 时刻后才趋于平稳。这是因为，算法一由于考虑了控制约束，使控制倒立摆时能够更快、更平稳地达到平衡状态。

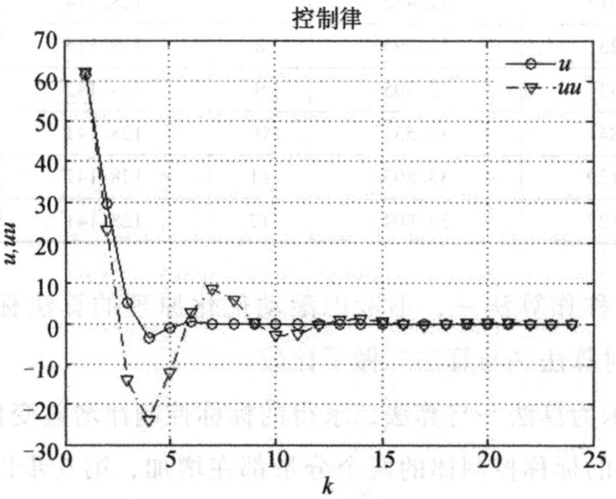

图 8－2　控制律变化趋势

图8－3、图8－4所示为算法1与算法2求得的状态变量变化趋势。由于所给的倒立摆模型是二阶的，因而有两个分量。由图8－3可见，算法一得到的状态的两个分量（图中的 x_1，x_2）在第6时刻以后趋于平稳；由图8－4可见，算法二得到的两个分量（图中的 xx_1，xx_2）起伏较大，经历了较长时刻（大约 $k=16$）后才逐渐恢复平稳。

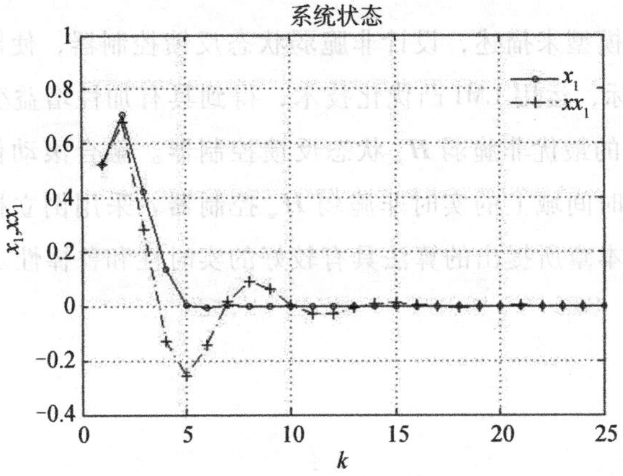

图8－3　状态变量（x_1）变化趋势

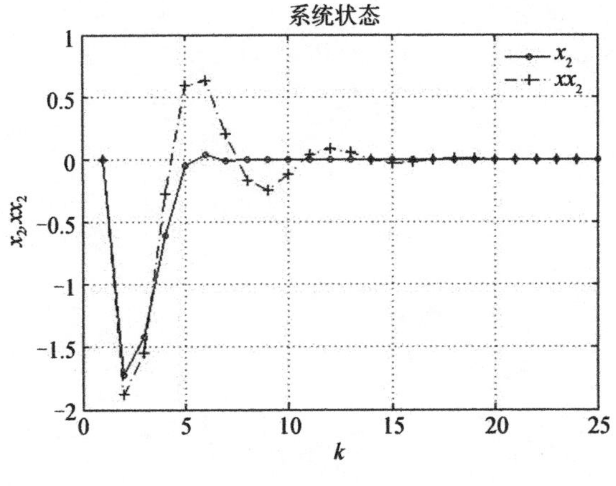

图8－4　状态变量（x_2）变化趋势

8.4 本章小结

本章运用 H_∞ 鲁棒控制理论，将离散时间系统的不确定性和控制器的不确定性用多胞型模型来描述，设计非脆弱状态反馈控制器，使闭环传递函数满足 H_∞ 性能指标，运用 LMI 凸优化技术，得到具有加性增益变化（可表示成多胞型模型）的最优非脆弱 H_∞ 状态反馈控制器。融合滚动优化原理的思想，得到了有限时间域上的实时非脆弱 H_∞ 控制器。采用倒立摆模型进行仿真，结果表明，本章所提出的算法具有较好的实时性和鲁棒性。

第9章 时延LPV广义网络控制系统鲁棒H_∞控制

本章针对一类时延广义网络控制系统，系统的不确定性采用多胞型LPV模型，构造状态反馈控制器，使闭环控制系统对所有参数变化是正则、无脉冲及鲁棒稳定的，且满足H_∞性能指标；基于LMI凸优化技术以及H_∞控制理论，得到了时延LPV广义网络控制系统状态反馈控制器存在的充分条件，并进行了实例仿真。

9.1 问题描述

考虑如下广义被控对象：

$$\begin{aligned} E\dot{x}(t) &= Ax(t) + Bu(t) + Hw(t) \\ y(t) &= Cx(t) \end{aligned} \tag{9-1}$$

其中：$x(k) \in R^n$、$u(k) \in R^m$ 和 $z(k) \in R^q$ 分别为系统的状态、控制输入和被调输出；$rankE = r < n$；$w(k) \in L_2[0, \infty]$ 为有限能量的外部扰动；A，B，H，C 是有限维数的常数矩阵。

假设：

（1）传感器采用时钟驱动，控制器和执行器采用事件驱动，采样周期为T。

（2）传感器到控制器的时延为 τ^{sc}，控制器到执行器的时延为 τ^{ca}，控制回路的总时延为 $\tau=\tau^{sc}+\tau^{ca}$，且 $0\leqslant\tau<T$。

将系统（9-1）离散化，可得：

$$
\begin{aligned}
&Ex(k+1)=\bar{A}x(k)+\bar{B}_0u(k-1)+\bar{B}_1u(k)+\bar{H}w(k)\\
&y(k)=\bar{C}x(k)
\end{aligned}
\tag{9-2}
$$

其中：$\bar{A}=e^{AT};\bar{B}_0=\int_0^{\tau}e^{A\tau}Bd\tau,\bar{B}_1=\int_{\tau}^{T}e^{A\tau}Bd\tau,\bar{H}=\int_0^{T}e^{A\tau}Bd\tau;\bar{C}=C$。

假设原被控对象存在结构不确定性，则离散化后的系统可以描述为如下的 LPV 模型：

$$
\begin{aligned}
&Ex(k+1)=\bar{A}(\theta)x(k)+\bar{B}_0(\theta)u(k-1)+\bar{B}_1(\theta)u(k)+\bar{H}(\theta)w(k)\\
&z(k)=\bar{C}(\theta)x(k)
\end{aligned}
\tag{9-3}
$$

其中：$\bar{A}(\theta),\bar{B}_0(\theta),\bar{B}_1(\theta),\bar{H}(\theta),\bar{C}(\theta)$ 是参数依赖不确定矩阵，且可以表示成如下多胞型模型：

$$
\Omega\equiv\Big\{[\bar{A}(\theta),\bar{B}_0(\theta),\bar{B}_1(\theta),\bar{H}(\theta),\bar{C}(\theta)]=[A_0,B_0,B_1,H_0,C_0]+\sum_{i=1}^{r}\theta_i[A_i,B_{0i},B_{1i},H_i,C_i],\ \sum_{i=1}^{r}\theta_i=1,\theta_i\geqslant 0,i=1,2,\cdots,r\Big\}
\tag{9-4}
$$

其中：A_0,B_0,B_1,H_0,C_0 称为标称矩阵；$A_i,B_{0i},B_{1i},H_i,C_i(i=1,2,\cdots,r)$ 为适维常数矩阵。

构造状态反馈控制器如下：

$$
u(k)=K(\theta)x(k)
\tag{9-5}
$$

其中：$K(\theta)=K_0+\sum_{i=1}^{r}\theta_iK_i$；$\sum_{i=1}^{r}\theta_i=1;\theta_i\geqslant 0;i=1,2,\cdots,r$。

其中：K_0 为标称控制增益；$K_i(i=1,2,\cdots,r)$ 为适维常数矩阵。

将式（9-5）代入式（9-3），得到闭环系统为：

$$
\begin{aligned}
&Ex(k+1)=\tilde{A}x(k)+\tilde{A}_dx(k-1)+\tilde{H}w(k)\\
&z(k)=\tilde{C}x(k)
\end{aligned}
\tag{9-6}
$$

其中：$\tilde{A}=\bar{A}(\theta)+\bar{B}_1(\theta)K(\theta)$；$\tilde{A}_d=\bar{B}_0(\theta)K(\theta)$；$\tilde{H}=\bar{H}(\theta)$；$\tilde{C}=\bar{C}(\theta)$。

引理 1：广义系统。

$$Ex(k+1)=Ax(k) \tag{9-7}$$

其中：$rankE=r<n$;A 为适维常数阵。

该系统是容许的，即正则、无脉冲和稳定的充要条件是存在对称正定阵 $P>0$，使下面的 LMIs 成立：

$$E^TPE\geqslant 0$$
$$A^TPA-E^TPE<0$$

定义 1：若如下 LPV 广义系统：

$$Ex(k+1)=A(\theta)x(k) \tag{9-8}$$

其对所有允许的不确定参数 θ 是容许的，则称 LPV 广义系统（9-8）是鲁棒稳定的。

定义 2：LPV 广义系统（9-8）存在对称正定阵 $P>0$，使下面的 LMIs 成立：

$$E^TPE\geqslant 0$$
$$A(\theta)^TPA(\theta)-E^TPE<0$$

其对所有不确定参数都成立，则称广义系统是二次稳定的。

其中：$P=\begin{bmatrix}P_1 & 0\\ P_2 & P_3\end{bmatrix}$。

引理 2：LPV 广义系统（9-8）是二次稳定的，则该广义系统鲁棒稳定。

定义 3：闭环系统（9-6）是鲁棒稳定的，且具有 H_∞ 范数界，如果对于任意不确定参数 θ，系统是容许的，同时，被调输出满足 $\|z\|_2<\gamma\|w\|_2$，即：$\|T_{wz}(s)\|_\infty<\gamma$。其中：$\gamma$ 是预先给定的常数；$T_{wz}(s)$ 是从扰动输入 w 到被调输出 z 的闭环传递函数 $T_{wz}(s)$。

其目的是：设计系统（9-1）的形如式（9-3）的状态反馈控制器，使闭环系统（9-4）是鲁棒稳定的，且满足 $\|T_{wz}(s)\|_\infty<\gamma$。

9.2 主要结论

定理 1：给定标量 $\gamma>0$，正则、无脉冲、稳定的时滞广义系统（9-3）

和形如式（9－5）的状态反馈控制器，使闭环系统（9－6）对所有参数变化鲁棒稳定，且 $\| T_{zw}(s) \|_\infty < \gamma$ 的充分条件是存在 $P>0$，$R>0$，满足：

$$\begin{bmatrix} R-E^TPE & * & * & * & * \\ 0 & -R & * & * & * \\ 0 & 0 & -\gamma^2 I & * & * \\ \widetilde{A} & \widetilde{A}_d & \tilde{H} & -P^{-1} & * \\ \widetilde{C} & 0 & 0 & 0 & -I \end{bmatrix} \tag{9-9}$$

注：式中的“ * ”号表示对称元素。以下同。

证明：定义一个 Lyapunov 函数：

$$V(k)=x^T(k)E^TPEx(k)+x^T(k-1)Rx(k-1)$$

其中：P，R 均为对称正定阵，则 $V(k)$ 是正定的，且在 $w(k)=0$ 时，$V(k)$ 沿系统（9－1）的向前差分：

$$\begin{aligned}\Delta V(k) &= V(k+1)-V(k)\\ &= x^T(k+1)E^TPEx(k+1)+x^T(k)Rx(k)-x^T(k)E^TPEx(k)-x^T(k-1)Rx(k-1)\\ &= \begin{bmatrix} x(k) \\ x(k-1)\end{bmatrix}^T \left\{ \begin{bmatrix} \widetilde{A}^T \\ \widetilde{A}_d^T \end{bmatrix} P[\widetilde{A} \quad \widetilde{A}_d] + \begin{bmatrix} R-E^TPE & 0 \\ 0 & -R \end{bmatrix} \right\} \begin{bmatrix} x(k) \\ x(k-1)\end{bmatrix}\end{aligned}$$

因此，$\Delta V(k)<0$ 的充分条件是：

$$\begin{bmatrix} \widetilde{A}^T \\ \widetilde{A}_d^T \end{bmatrix} P[\widetilde{A} \quad \widetilde{A}_d] + \begin{bmatrix} R-E^TPE & 0 \\ 0 & -R \end{bmatrix} < 0$$

由矩阵 Schur 补性质，上式等价于：

$$\begin{bmatrix} R-E^TPE & * & * \\ 0 & -R & * \\ \widetilde{A} & \widetilde{A}_d & -P^{-1} \end{bmatrix} < 0$$

由式（9－6）可得上式成立。因此，闭环系统是鲁棒稳定的。进而，对任意非零的 $w(k)\in L_2[0,\infty]$，有：

$$\Delta V(k)+z^T(k)z(k)-\gamma^2 w^T(k)w(k)=\begin{bmatrix}x(k)\\x(k-d)\\w(k)\end{bmatrix}^T\left(\begin{bmatrix}\tilde{A}^T\\\tilde{A}_d^T\\\tilde{H}^T\end{bmatrix}P[\tilde{A}\quad\tilde{A}_d\quad\tilde{H}]\right.$$

$$\left.+\begin{bmatrix}R-E^TPE & 0 & 0\\0 & -R & 0\\0 & 0 & -\gamma^2 I\end{bmatrix}+\begin{bmatrix}\tilde{C}^T\\0\\0\end{bmatrix}[\tilde{C}\quad 0\quad 0]\right)\begin{bmatrix}x(k)\\x(k-d)\\w(k)\end{bmatrix}$$

由矩阵Schur补性质，从式（9-6）可推出：

$$\Delta V(k)+z^T(k)z(k)-\gamma^2 w^T(k)w(k)<0$$

由零初始条件，可得：

$$\sum_{i=0}^{N}z^T(k)z(k)-\gamma^2\sum_{i=0}^{N}w^T(k)w(k)<-V(N+1)\leqslant 0$$

于是有：$\|z(k)\|_2<\gamma\|w(k)\|_2$。证毕。

定理2：给定标量$\gamma>0$，正则、无脉冲、稳定的时滞LPV离散广义系统（9-1）和形如式（9-3）的状态反馈控制器，使闭环系统满足：

$$\begin{bmatrix}T & * & * & * & * & *\\0 & -T & * & * & * & *\\0 & 0 & -\gamma^2 I & * & * & *\\\tilde{A}X & \tilde{A}_dX & \tilde{H} & -X & * & *\\\tilde{C}X & 0 & 0 & 0 & -I & *\\EX & 0 & 0 & 0 & 0 & X\end{bmatrix}<0\tag{9-10}$$

证明：由式（9-6）及矩阵Schur补性质，可得：

$$\begin{bmatrix}R & * & * & * & * & *\\0 & -R & * & * & * & *\\0 & 0 & -\gamma^2 I & * & * & *\\\tilde{A} & \tilde{A}_d & \tilde{H} & -P^{-1} & * & *\\\tilde{C} & 0 & 0 & 0 & -I & *\\E & 0 & 0 & 0 & 0 & P^{-1}\end{bmatrix}<0$$

给上式左边左乘以右乘以矩阵 $\mathrm{diag}\{P^{-1},P^{-1},I,I,I,I\}$，且令 $X=P^{-1}$，$T=XRX$，即可得式（9－10）。证毕。

定理3：给定标量 $\gamma>0$，正则、无脉冲、稳定的时滞LPV离散广义系统（9－1）和形如式（9－3）的状态反馈控制器，使闭环系统（9－4）对所有参数变化二次稳定，且 $\|T_{zw}(s)\|_\infty<\gamma$ 的充分条件是存在 $X>0,T>0$ 和矩阵 Y，满足：

$$\psi_{ij}<0(i,\ j=1,2,\cdots,r) \tag{9-11}$$

其中：

$$\psi_{ij}=\begin{bmatrix} T & * & * & * & * & * \\ 0 & -T & * & * & * & * \\ 0 & 0 & -\gamma^2 I & * & * & * \\ (A_0+A_i)X+(B_0+B_i)Y+(B_0+B_i)K_jX & (A_{d0}+A_{di})X & H_0+H_i & -X & * & * \\ (C_0+C_i)X & 0 & 0 & 0 & -I & * \\ EX & 0 & 0 & 0 & 0 & X \end{bmatrix}<0$$

$$i,j=1,2,\cdots,r$$

进而，如果矩阵不等式存在一个可行解 X^*,T^*,Y^*，则 $K_0=Y^*(X^*)^{-1}$。

证明：在闭环系统（9－4）中，由于 $\sum_{i=1}^{r}\theta_i=\sum_{j=1}^{r}\theta_j=1$，且 $\theta_i\geqslant0,\theta_j\geqslant0$，于是，系统（9－4）对所有参数变化鲁棒稳定，且 $\|T_{zw}(s)\|_\infty<\gamma$ 的充分条件是存在 $X>0,T>0,Q>0$ 和矩阵 Y，满足：

$$\begin{aligned}\tilde{A}&=\bar{A}(\theta)+\bar{B}_0(\theta)K(\theta)\\&=(A_0+\sum_{i=1}^{r}\theta_iA_i)+(B_{00}+\sum_{i=1}^{r}\theta_iB_{0i})(K_0+\sum_{j=1}^{r}\theta_jK_j)\\&=\sum_{i=1}^{r}\theta_i(A_0+A_i)+\sum_{i=1}^{r}\theta_i\sum_{j=1}^{r}\theta_j(B_0+B_i)(K_0+K_j)\\&=\sum_{i=1}^{r}\sum_{j=1}^{r}\theta_i\theta_j[(A_0+A_i)+(B_0+B_i)(K_0+K_j)]\end{aligned}$$

$$\begin{aligned}\tilde{A}_d&=\bar{B}_1(\theta)K(\theta)\\&=\sum_{i=1}^{r}\sum_{j=1}^{r}\theta_i\theta_j(B_{10}+B_{1i})(K_0+K_j)\end{aligned}$$

$$\tilde{H} = H(\alpha) = \sum_{i=1}^{r} \alpha_i (H_0 + H_i)$$

$$\tilde{C} = C(\alpha) = \sum_{i=1}^{r} \alpha_i (C_0 + C_i)$$

定义 $Y = K_0 X$，由式（9－10）可得：

$$\sum_{i=1}^{r} \sum_{j=1}^{r} \alpha_i \alpha_j \psi_{ij} < 0$$

即式（9－11）成立等价于式（9－10）成立。证毕。

9.3 仿真示例

考虑时滞 LPV 离散广义系统模型如下：

$$Ex(k+1) = A(\alpha)x(k) + A_d(\alpha)x(k-d) + B(\alpha)u(k) + H(\alpha)w(k)$$

$$z(k) = C(\alpha)x(k)$$

其中：$[A(\alpha)] = A_0 + \sum_{i=1}^{2} \alpha_i A_i ; \sum_{i=1}^{2} \alpha_i = 1 ; \alpha_i \geqslant 0 ; i = 1,2$。

且：$A_0 = \begin{bmatrix} -0.4 & 0 \\ 0.2 & -0.1 \end{bmatrix}$，$A_1 = \begin{bmatrix} 0.1 & 0.05 \\ 0.5 & -0.1 \end{bmatrix}$，$A_2 = \begin{bmatrix} -0.1 & 0.2 \\ -0.2 & 0.1 \end{bmatrix}$，

及权值 $\alpha_1 = 0.4, \alpha_2 = 0.06$，时滞参数 $d = 2$。

同样地，有：

$A_{d0} = \begin{bmatrix} 0.02 & 0.02 \\ 0.02 & 0.02 \end{bmatrix}$，$A_{d1} = \begin{bmatrix} 0.01 & 0 \\ 0 & 0.01 \end{bmatrix}$，$A_{d2} = \begin{bmatrix} -0.1 & 0.2 \\ -0.2 & 0.1 \end{bmatrix}$，

$B_0 = \begin{bmatrix} 0.5 \\ 0.7 \end{bmatrix}$，$B_1 = \begin{bmatrix} 0.1 \\ 0 \end{bmatrix}$，$B_2 = \begin{bmatrix} 0 \\ 0.1 \end{bmatrix}$，$H_0 = \begin{bmatrix} 1 \\ 0.8 \end{bmatrix}$，$H_1 = \begin{bmatrix} 1 \\ 0 \end{bmatrix}$，

$H_2 = \begin{bmatrix} 0.5 \\ 0 \end{bmatrix}$，$C_0 = \begin{bmatrix} 1 \\ 0.5 \end{bmatrix}$，$C_1 = \begin{bmatrix} 0.1 \\ 0 \end{bmatrix}$，$C_2 = \begin{bmatrix} 0.8 \\ 0 \end{bmatrix}$，

$K_1 = [-1.1 \quad 0.1], K_2 = [-1.5 \quad 0.2], E = \begin{bmatrix} 1 & 0 \\ 0 & 0 \end{bmatrix}$。

于是，由定理3，取 $\gamma=10$，可得：

$$X=1.0\times10^{-2}\times\begin{bmatrix}0.98 & 0.66\\0.66 & 2.24\end{bmatrix},$$

$$Y=1.0\times10^{-2}\times[1.03\quad 0.49],$$

$$K_0=YX^{-1}=[1.1302\quad -0.1119]$$

系统的状态 $x(k)$、$x(k-d_1)$ 及控制输入 $u(k)$ 的变化趋势如图 9-1 所示。

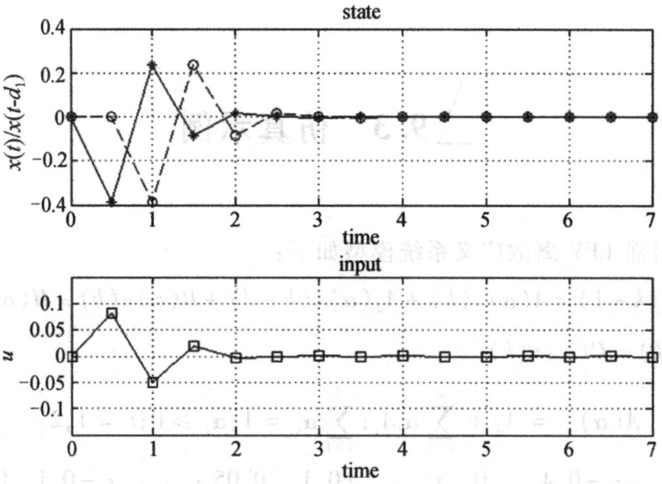

图 9-1　状态变量 $x(k)/x(k-d_1)$ 及控制输入 $u(k)$ 的变化趋势

9.4 本章小结

本章将一类时滞 LPV 离散广义系统用多胞型模型来描述，设计闭环传递函数满足 H_∞ 性能指标，运用 LMI 凸优化技术，得到了闭环系统二次稳定且 $\|T_{zw}\|_\infty<\gamma$ 的充分条件。仿真结果表明，本章所提出的算法具有较好的鲁棒性。

第10章

基于 H_∞ 控制理论的 LPV 网络控制系统故障诊断

10.1 问题描述

考虑连续时间状态空间模型如下：

$$\begin{aligned} \dot{x}(t) &= Ax(t) + B_1u(t) + D_1w(t) \\ y(t) &= C_1x(t) + D_2w(t) \\ z(t) &= C_2x(t) + B_2u(t) + D_3w(t) \end{aligned} \tag{10-1}$$

其中：$x(t) \in R^n$ 为状态向量；$u(t) \in R^m$ 为控制输入向量；$\omega(t) \in R^p$ 为干扰输入向量，且满足 $L_2[0, \infty; z(t)] \in R^l$ 为控制输出向量；$y(t) \in R^q$ 为测量输出向量；A，B_1，D_1，C_1，D_2，C_2，B_2，D_3 为适维常数矩阵。

以样本周期 T 采用零阶保持精确离散化系统，即：

$$\overline{A}(\theta) = e^{AT}, \overline{B}(\theta) = \int_0^T e^{A\tau}Bd\tau, \overline{D}_1(\theta) = \int_0^T e^{A\tau}D_1d\tau, \tag{10-2}$$

$$\overline{C}(\theta) = C, \overline{D}_2(\theta) = D_2, \overline{C}_2(\theta) = C_2, \overline{B}_2(\theta) = B_2, \overline{D}_3(\theta) = D_3$$

得到如下离散 LPV 系统：

$$x(k+1) = \overline{A}(\theta)x(k) + \overline{B}_1(\theta)u(k) + \overline{D}_1(\theta)w(k)$$

$$y(k)=\overline{C}_1(\theta)x(k)+\overline{D}_2(\theta)w(k)$$

$$z(k)=\overline{C}_2(\theta)x(t)+\overline{B}_2(\theta)u(t)+\overline{D}_3(\theta)w(k) \tag{10-3}$$

其中：$\overline{A}(\theta),\overline{B}_1(\theta),\overline{D}_1(\theta),\overline{C}_1(\theta),\overline{D}_2(\theta),\overline{C}_2(\theta),\overline{B}_2(\theta),\overline{D}_3(\theta)$表示时变多胞型不确定性，且满足：

$$M=\left\{[\overline{A}(\theta),\overline{B}_1(\theta),\overline{D}_1(\theta),\overline{C}_1(\theta),\overline{D}_2(\theta),\overline{C}_2(\theta),\overline{B}_2(\theta),\overline{D}_3(\theta)]\right.$$
$$\left.=\sum_{i=1}^{r}[\overline{A}_i,\overline{B}_{1i},\overline{D}_{1i},\overline{C}_{1i},\overline{D}_{2i},\overline{C}_{2i},\overline{B}_{2i},\overline{D}_{3i}]\theta_i\right\} \tag{10-4}$$

其中：$\overline{A}_i,\overline{B}_{1i},\overline{D}_{1i},\overline{C}_{1i},\overline{D}_{2i},\overline{C}_{2i},\overline{B}_{2i},\overline{D}_{3i}$为适维常数矩阵；$\theta=[\theta_1,\theta_2,\cdots\theta_r]^T\in R^r$为不确定时变向量，满足：

$$\theta\in\Omega=\left\{\theta\in R^r:\theta_i\geqslant 0,\sum_{i=1}^{r}\theta_i=1\right\} \tag{10-5a}$$

$$\theta(t)\in\Omega=\left\{\theta(t)\in R^r:\theta_i(t)\geqslant 0,\sum_{i=1}^{r}\theta_i(t)=1\right\} \tag{10-5b}$$

对于控制输入$u(t)$，令$u^f(t)$为出现故障激励器产生的信号。采用激励器故障模型如下：

$$u^f(k)=M_1u(k)+M_u\delta_1(k) \tag{10-6}$$

其中：$M_1=\mathrm{diag}\{m_{11},m_{12},\cdots,m_{1m}\}$为激励器故障矩阵；$M_u=\mathrm{diag}\{m_{u1},m_{u2},\cdots,m_{um}\}$为激励器故障干扰矩阵；$\delta_1(k)=[\delta_{11}(k),\delta_{12}(k),\cdots,\delta_{1m}(k)]\in R^m$为平方可积激励器故障干扰向量。而且$m_{1i}$和$m_{ui}$满足：

$$0\leqslant\underline{m}_{1i}\leqslant m_{1i}\leqslant\overline{m}_{1i},\overline{m}_{1i}\geqslant 1(i=1,2,\cdots,m) \tag{10-7a}$$

$$0\leqslant m_{ui}\leqslant\overline{m}_{ui}(i=1,2,\cdots,m) \tag{10-7b}$$

表示为：

$$\begin{aligned}M_{10}&=\mathrm{diag}\{\tilde{m}_{11},\tilde{m}_{12},\cdots,\tilde{m}_{1m}\}\\J_1&=\mathrm{diag}\{j_{11},j_{12},\cdots,j_{1m}\}\\L_1&=\mathrm{diag}\{l_{11},l_{12},\cdots,l_{1m}\}\end{aligned} \tag{10-8}$$

其中：$\tilde{m}_{1i}=\dfrac{1}{2}(\overline{m}_{1i}+\underline{m}_{1i})$；$j_{1i}=\dfrac{\overline{m}_{1i}-\underline{m}_{1i}}{\overline{m}_{1i}+\underline{m}_{1i}}$；$l_{1i}=\dfrac{m_{1i}-\tilde{m}_{1i}}{\tilde{m}_{1i}}$。

于是，可得：

$$M_1 = M_{10}(I + L_1), |L_1| \leqslant J_1 \leqslant I \tag{10-9}$$

同样地，令 $y^f(k)$ 为故障传感器信号。采用如下故障传感器模型如下：

$$y^f(k) = M_2 y(k) + M_y \delta_2(k) \tag{10-10}$$

其中：$M_2 = \mathrm{diag}\{m_{21}, m_{22}, \cdots, m_{2q}\}$ 传感器故障矩阵；$M_y = \mathrm{diag}\{m_{y1}, m_{y2}, \cdots, m_{yq}\}$ 为传感器故障干扰矩阵；$\delta_2(k) = [\delta_{21}(k), \delta_{22}(k), \cdots \delta_{2m}(k)] \in R^q$ 为平方可积传感器故障干扰向量。而且 m_{2i} 和 m_{yi} 满足：

$$0 \leqslant \underline{m}_{2i} \leqslant m_{2i} \leqslant \overline{m}_{2i}, \overline{m}_{2i} \geqslant 1 (i = 1, 2, \cdots, q) \tag{10-11a}$$

$$0 \leqslant m_{yi} \leqslant \overline{m}_{yi} (i = 1, 2, \cdots, q) \tag{10-11b}$$

注释 1：当 $m_{1i} = 0, m_{ui} = 0$ 或 $m_{2i} = 0, m_{yi} = 0$，这种情况下各自包含 $u_i(k)$ 或 $y_i(k)$ 完全出现故障。

系统（10-3）的未受力系统为：

$$\begin{aligned} x(k+1) &= \overline{A}(\theta)x(k) + \overline{D}_1(\theta)w(k) \\ z(k) &= \overline{C}_2(\theta)x(t) + \overline{D}_3(\theta)w(k) \end{aligned} \tag{10-12}$$

定义 1：假定常数 $\gamma > 0$。系统（10-12）被认为是鲁棒稳定的，当且仅当满足所有允许不确定性（10-4）和（10-5），且具有 H_∞ 范数界 γ。则系统（10-11）满足如下性能：

（1）系统（10-11）满足 $\omega(k) = 0$ 是鲁棒稳定的。

（2）对于 $x(k)$ 的零初始条件和非零 $\omega(k)$，满足下列条件 $\| z(k) \|_2^2 < \gamma^2 \| \omega(k) \|_2^2$。其中：$\| \cdot \|_2$ 表示欧几里得 2-范数。

10.2 主要结果

定理 1（边界实引理）：假定常数 $\gamma > 0$ 是给定的，系统（10-12）为鲁棒稳定的，且具有 H_∞ 范数界 γ，如果存在矩阵 $P > 0$，使：

$$\begin{bmatrix} -P & 0 & \bar{A}_i^T P & \bar{C}_{2i}^T \\ 0 & -\gamma^2 I & \bar{D}_{1i}^T P & \bar{D}_{3i}^T \\ P\bar{A}_i & P\bar{D}_{1i} & -P & 0 \\ \bar{C}_{2i} & \bar{D}_{3i} & 0 & -I \end{bmatrix} < 0 (i = 1, 2, \cdots, r) \tag{10-13}$$

10.2.1 激励器故障情形

输出信号 $y(k)$ 跟踪参考信号 $r(k)$ 具有误差，即：

$$e(k) = r(k) - y(k)$$

为了获得状态反馈鲁棒 H_∞ 跟踪控制器，定义增广状态向量 $\xi(k) = [x^T(k), e^T(k-1)]^T$ 和干扰向量 $\omega\tilde{\alpha}(k) = [\omega^T(k), \delta_1^T(k), r^T(k)]^T$。引入具有激励器故障模型（10-6）的增广描述系统（10-3）如下：

$$\begin{aligned} \xi(k+1) &= \tilde{A}(\theta)\xi(k) + \tilde{B}_1(\theta)M_1 u(k) + \tilde{D}_1(\theta)\omega\tilde{\alpha}(k) \\ z(k) &= \tilde{C}_2(\theta)\xi(k) + \bar{B}_2(\theta)M_1 u(k) + \tilde{D}_3(\theta)\omega(k) \end{aligned} \tag{10-14}$$

其中：$\tilde{A}(\theta) = \begin{bmatrix} \bar{A}(\theta) & 0 \\ -\bar{C}_1(\theta) & 0 \end{bmatrix}$；$\tilde{B}_1(\theta) = \begin{bmatrix} \bar{B}_1(\theta) \\ 0 \end{bmatrix}$；$\tilde{C}_2(\theta) = [\bar{C}_2(\theta) \ \ 0]$；

$\tilde{D}_1(\theta) = \begin{bmatrix} \bar{D}_1(\theta) & \bar{B}_1(\theta)M_u & 0 \\ -\bar{D}_2(\theta) & 0 & 1 \end{bmatrix}$；$\tilde{D}_3(\theta) = [\bar{D}_3(\theta) \ \bar{B}_2(\theta)M_u \ \ 0]$；

$\Xi = \left\{ [\tilde{A}(\theta), \tilde{B}_1(\theta), \tilde{D}_1(\theta), \tilde{C}_2(\theta), \tilde{D}_3(\theta)] = \sum_{i=1}^{r} [\tilde{A}_i, \tilde{B}_{1i}, \tilde{D}_{1i}, \tilde{C}_{2i}, \tilde{D}_{3i}]\theta_i \right\}$。

其中：$\tilde{A}_i = \begin{bmatrix} \bar{A}_i & 0 \\ -\bar{C}_{1i} & 0 \end{bmatrix}$；$\tilde{B}_{1i} = \begin{bmatrix} \bar{B}_{1i} \\ 0 \end{bmatrix}$；$\tilde{D}_{1i} = \begin{bmatrix} \bar{D}_{1i} & \bar{B}_{1i}M_u & 0 \\ -\bar{D}_{2i}(\theta) & 0 & 1 \end{bmatrix}$；

$\tilde{C}_{2i} = [\bar{C}_{2i} \ \ 0]$；$\tilde{D}_{3i} = [\bar{D}_{3i} \ \ \bar{B}_{2i}M_u \ \ 0]$；$i = 1, 2, \cdots, r$。

考虑增广系统（10-14）具有反馈跟踪控制器为：

$$u(k)=L\xi(k) \tag{10-15}$$

于是，闭环增广系统为：

$$\xi(k+1)=(\tilde{A}(\theta)+\tilde{B}_1(\theta)M_1L)\xi(k)+\tilde{D}_1(\theta)\tilde{\omega}(k)$$

$$z(k)=(\tilde{C}_2(\theta)+\bar{B}_2(\theta)M_1L)\xi(k)+\tilde{D}_3(\theta)\tilde{\omega}(k) \tag{10-16}$$

引理1：对于系统（10-14），假如存在控制器（10-15），使闭环系统（10-16）是鲁棒稳定的，则测量输出$y(k)$跟踪参考信号$r(k)$无稳态误差，即：

$$\lim_{k\to\infty} e(k)=0 \tag{10-17}$$

定理2：给定常数$\gamma>0$，如果存在矩阵$X>0,Y$和标量$\varepsilon_1>0$，且满足：

$$\begin{bmatrix} -X & 0 & (1,3) & (1,4) & Y^TJ_1^{1/2} \\ * & -\gamma^2 I & \tilde{D}_{1i} & \tilde{D}_{3i} & 0 \\ * & * & (3,3) & 0 & 0 \\ * & * & * & (4,4) & 0 \\ * & * & * & * & -\varepsilon_1 I \end{bmatrix}<0(i=1,2,\cdots,r) \tag{10-18}$$

则构造鲁棒H_∞跟踪控制律$u(k)=L\xi(k)=YX^{-1}\xi(k)$使闭环系统（10-16）是鲁棒稳定的，具有$H_\infty$范数界$\gamma$，并且测量输出$y(k)$跟踪参考信号$r(k)$无稳态误差。

其中：$(1,3)=X\tilde{A}_i+Y^TM_{10}^T\tilde{B}_{1i}^T$；$(1,4)=X\tilde{C}_{2i}+Y^TM_{10}^T\tilde{B}_{2i}^T$；$(3,3)=-X+\varepsilon_1\tilde{B}_{1i}M_{10}J_1M_{10}^T\tilde{B}_{1i}^T$；$(4,4)=-I+\varepsilon_1\tilde{B}_{2i}M_{10}J_1M_{10}^T\tilde{B}_{2i}^T$。

证明：

$$\begin{bmatrix} -P & 0 & (\tilde{A}_i+B_{1i}M_1L)^TP & (\tilde{C}_{2i}+\tilde{B}_{2i}M_1L)^T \\ 0 & -\gamma^2 I & \tilde{D}_{1i}^TP & \tilde{D}_{3i}^T \\ P(\tilde{A}+B_{1i}M_1L_i) & P\tilde{D}_{1i} & -P & 0 \\ \tilde{C}_{2i}+\tilde{B}_{2i}M_1L & \tilde{D}_{3i} & 0 & -I \end{bmatrix}<0(i=1,2,\cdots,r)$$

10.2.2 传感器故障情形

考虑传感器故障模型（10-10）。与激励器故障方法相同，定义干扰向量 $\hat{\omega}(k)=[\omega^T(k),\delta_2^T(k),r^T(k)]^T$。于是，构造增广系统如下：

$$\begin{aligned}\xi(k+1)&=\hat{A}(\theta)\xi(k)+\widetilde{B}_1(\theta)u(k)+\hat{D}_1(\theta)\hat{\omega}(k)\\ z(k)&=\hat{C}_2(\theta)\xi(k)+\overline{B}_2(\theta)u(k)+\hat{D}_3(\theta)\hat{\omega}(k)\end{aligned}\tag{10-19}$$

其中：$\xi(k)$，$\widetilde{B}_1(\theta)$，$\widetilde{C}_2(\theta)$ 与式（10-14）相同。

$$\hat{A}(\theta)=\begin{bmatrix}\overline{A}(\theta) & 0\\ -M_2\overline{C}_1(\theta) & 0\end{bmatrix};\hat{D}_1(\theta)=\begin{bmatrix}\overline{D}_1(\theta) & 0 & 0\\ -M_2\overline{D}_2(\theta) & -M_y & 1\end{bmatrix};$$

$\hat{D}_3(\theta)=[\overline{D}_3(\theta)\quad 0\quad 0]$；$\Xi=\{[\hat{A}(\theta),\hat{D}_1(\theta),\hat{D}_3(\theta)]=\sum_{i=1}^{r}[\hat{A}_i,\hat{D}_{1i},\hat{D}_{3i}]\theta_i\}$。

其中：$\hat{A}_i=\begin{bmatrix}\overline{A}_i & 0\\ -M_2\overline{C}_{1i} & 0\end{bmatrix}$；$\hat{D}_{1i}=\begin{bmatrix}\overline{D}_{1i} & 0 & 0\\ -M_2\overline{D}_{2i}(\theta) & -M_y & 1\end{bmatrix}$；$\hat{D}_{3i}=[\overline{D}_{3i}\quad 0\quad 0]$；$i=1,2,\cdots,r$。

对于增广系统（10-19）具有状态反馈跟踪控制器（10-15），闭环增广系统为：

$$\begin{aligned}\xi(k+1)&=(\hat{A}(\theta)+\widetilde{B}_1(\theta)L)\xi(k)+\hat{D}_1(\theta)\hat{\omega}(k)\\ z(k)&=(\hat{C}_2(\theta)+B_2(\theta)L)\xi(k)+\hat{D}_3(\theta)\hat{\omega}(k)\end{aligned}\tag{10-20}$$

定理3：给定常数 $\gamma>0$，如果存在矩阵 $X>0$，Y，使：

$$\begin{bmatrix}-X & 0 & X\hat{A}_i+Y^T\widetilde{B}_{1i}^T & X\widetilde{C}_{2i}^T+Y^T\overline{B}_{2i}^T\\ * & -\gamma^2 I & \hat{D}_{1i} & \hat{D}_{2i}\\ * & * & -X & 0\\ * & * & * & -I\end{bmatrix}<0(i=1,2,\cdots,r)$$

（10-21）

于是，构造鲁棒 H_∞ 跟踪控制律 $u(k)=L\xi(k)=YX^{-1}\xi(k)$，使闭环系统（10-16）是鲁棒稳定的，具有 H_∞ 范数界 γ，并且测量输出 $y(k)$ 跟踪参考信号 $r(k)$ 无稳态误差。

证明：同定理 2 的证明。

注释：定理 2 和定理 3 提出的鲁棒 H_∞ 跟踪控制器设计方法是基于线性矩阵不等式组（LMIs）。由于应用 Lyapunov 函数，所得结果会有一些保守。通过使用 LPV Lyapunov 函数方法，保守性将会减少。

10.3 仿真示例

一个倒立摆力学系统为：

$$\dot{x}_1 = x_2$$

$$\dot{x}_2 = \frac{g\sin x_1 - amLx_2^2\sin(2x_1)/2 - au\cos x_1}{4L/3 - amL\cos^2 x_1} + w$$

其中：x_1 小车的位移；x_2 摆杆的角度；w 为外部干扰；$g=9.8\mathrm{m/s^2}$ 重力加速度；$M=8\mathrm{kg}$ 为小车质量；$m=2\mathrm{kg}$ 为摆杆质量；$a=1/(M+m)$；$l=0.5\mathrm{m}$ 为摆杆重心位置。

选择状态向量为 $x=[x_1,\ x_2]^T$，可得方程（10-1）；当采样周期为 $T=0.2s$，可得系统（10-4）。

其中：$[\overline{A}(\theta),\overline{B}_1(\theta)] = \sum_{i=1}^{2}\theta_i[\overline{A}_i,\overline{B}_{1i}]$；$\sum_{i=1}^{2}\theta_i = 1$；$\theta_i \geq 0$；$i=1,2$。

并且：

$$\overline{A}_1 = \begin{bmatrix} 1.3663 & 0.2239 \\ 3.8716 & 1.3663 \end{bmatrix};\ \overline{B}_{11} = \begin{bmatrix} -0.0037 \\ -0.0395 \end{bmatrix};\ \overline{A}_2 = \begin{bmatrix} 1.1193 & 0.2079 \\ 1.2164 & 1.1193 \end{bmatrix};$$

$$\overline{B}_{12} = \begin{bmatrix} -0.0018 \\ -0.0183 \end{bmatrix};\overline{D}_1(\theta) = \begin{bmatrix} 0 \\ 0.01 \end{bmatrix};\overline{C}_1(\theta) = \overline{C}_2(\theta) = [1 \quad 0];$$

$$\overline{D}_2(\theta) = \overline{D}_3(\theta) = 0.01。$$

在传感器故障模型（10-10）中，令 $M_0=0.1, M_y=1$，参考信号为 $r(k)=1$。根据定理2，可得状态反馈控制器（10-15）。

图10-1所示为状态 $x_2(k)$ 控制输入 $u(k)$ 变化趋势，图10-2所示为闭环系统（10-13）的跟踪误差曲线。对于上述不稳定倒立摆系统，闭环系统显然为稳定的。

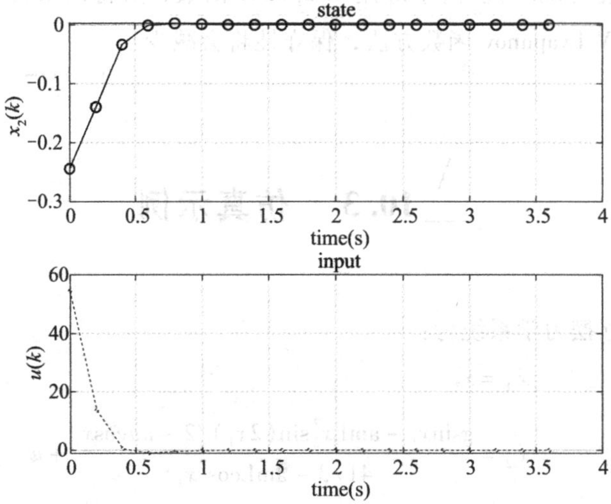

图10-1 状态和控制输入曲线

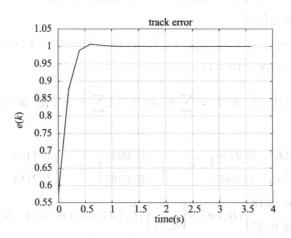

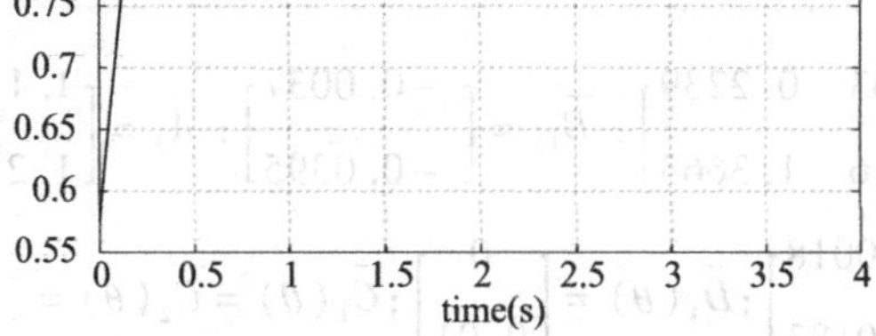

图10-2 跟踪误差曲线

10.4　本章小结

本章建立了多胞型 LPV 离散网络控制系统，设计了具有跟踪误差的状态反馈控制器，基于 H_∞ 的有界实引理（BRL）和 LMI 凸优化技术，得到了 LPV 网络控制系统具有激励器故障和传感器故障的鲁棒稳定性的充分条件。

第11章

时延不确定网络控制系统积分滑模控制器设计

网络控制系统（NCS）是一种反馈控制系统，具有网络通道，用于传感器、执行器和控制器等空间分布的系统部件之间的通信。由于信号在有限带宽的通信网络中传输，存在网络诱导延迟，这可能会影响闭环控制系统的性能和稳定性。

本章设计了一种新的积分切换函数来处理由参数不确定性和状态延迟组成的连续网络控制系统。实现了滑模控制器，并分析了滑模控制的可达性。算例验证了该方法的可行性和有效性。

11.1 问题描述

在网络控制系统中，具有参数不确定性的可控设备为如下的连续系统：

$$\dot{x}(t) = (A + \Delta A)x(t) + (A_d + \Delta A_d)x(t - d) + (B + \Delta B)u(t)$$

$$x(t) = \phi(t), t \in [-d, 0] \tag{11-1}$$

其中：$x(t) \in R^n$ 为状态向量；$u(t) \in R^m$ 为控制输入；$d>0$ 为时滞常数；$\phi(t)$为定义在$[-d,0]$上的状态向量；A, A_d, B 为适维矩阵；$\Delta A, \Delta A_d, \Delta B$ 为不确定矩阵，并且满足范数界条件，即：

$$[\Delta A, \Delta A_d, \Delta B] = DF[E_1, E_d, E_2]$$

其中：D, E_1, E_d, E_2 是已知适维矩阵；F 为未知矩阵，且满足：$F^T F \leqslant I$。

滑模匹配条件为：

$$[\Delta A \quad \Delta A_d \quad \Delta B] = B[\Delta \tilde{A} \quad \Delta \tilde{A}_d \quad \Delta \tilde{B}]$$

于是，系统（11－1）可描述为：

$$\dot{x}(t) = Ax(t) + A_d x(t-d) + B[u(t) + W(t)] \tag{11-2}$$

其中：$W(t) = B^+[\Delta Ax(t) + \Delta A_d x(t-d) + \Delta Bu(t)]$，且 B^+ 为伪逆，即：$B^+ = (B^T B)^{-1} B^T$。

11.2 主要结果

寻找上述系统（11－1）、（11－2）的滑模控制器。相应的标称系统为：

$$\dot{x}(t) = Ax(t) + A_d x(t-d) + Bu(t) \tag{11-3}$$

定义积分开关函数为：

$$s(t) = C\left[x(t) - \int_0^t (A + BK)x(t)dt\right] + \mathrm{T} \tag{11-4}$$

其中：状态反馈增益 K 未知；C 为适维矩阵且满足 $CB > 0$；T 为滑模补偿器，且满足：

$$\dot{\mathrm{T}} = -CA_d x(t-d) \tag{11-5}$$

当滑动面 $s(t) = \dot{s}(t)$ 时，由式（11－3）、式（11－4）、式（11－5），可得：

$$\dot{s}(t) = C\dot{x}(t) - C(A + BK)x(t) + CA_d x(t-d) = CBu(t) - CBKx(t) = 0 \tag{11-6}$$

于是，等价控制器为：

$$u_{eq}(t) = Kx(t) \tag{11-7}$$

11.2.1　滑模控制器（SMC）设计

对于系统（11－2），滑模控制律可表示为：

$$u(t) = u_{eq}(t) + u_N(t) \quad (11-8)$$

其中：$u_N(t)$为开关控制器，被用来克服系统不确定性，可选择为如下形式：

$$u_N(t) = -\gamma s(t) - f\text{sign}(s(t)) \quad (11-9)$$

其中：$f \geqslant |W(t)|, \gamma > 0$; $\text{sign}(\cdot)$为符号函数。

定理1：考虑系统（11－2），设计开关函数如式（11－4），如果SMC为式（11－8），则系统（11－2）为渐近稳定的。

证明：假设Lyapunov函数为$V(t) = \frac{1}{2}s^2(t)$, $s(t)$, 如式（11－4）所示，则：

$$\begin{aligned}\dot{V}(t) &= s\dot{s} = s[C\dot{x} - C(A+BK)x - CA_d x(t-d)] \\ &= s[CB(u(t) + W(t)) - CBKx(t)] \\ &= s[CB(u_{eq}(t) + u_N(t) + W(t)) - CBKx(t)] \\ &= s[CB(-\gamma s - f\text{sign}(s) + W(t))] = CB(\gamma|s|^2 + f|s| - sW) \leqslant 0\end{aligned}$$

于是，滑模控制律可认为保证滑模平面具有可达性。证毕。

11.2.2　滑模平面稳定性

引理：给定常数$\varepsilon > 0$和矩阵D, F, F, 且满足$F^T F \leqslant I$，于是，满足矩阵不等式如下：

$$DFE + E^T F^T D^T \leqslant \varepsilon DD^T + \varepsilon^{-1} E^T E$$

将等价控制器（11－7）带入系统（11－1），可得滑模动态方程为：

$$\dot{x} = [(A + \Delta A) + (B + \Delta B)K]x(t) + (A_d + \Delta A_d)x(t-d) \quad (11-10)$$

定理2：对于系统（11－1），给定常数$\varepsilon > 0$，选择开关函数（11－4）。如果存在对称正定矩阵X，V和W，满足下列线性矩阵不等式：

$$\begin{bmatrix} \Theta & A_dV & (E_1X+E_2W)^T & X \\ * & -V & VE_d^T & 0 \\ * & * & -\varepsilon I & 0 \\ * & * & * & -V \end{bmatrix} \tag{11-11}$$

其中：$\Theta = AX + XA^T + BW + W^TB^T + \varepsilon DD^T$；“$*$”表示以主对角线相对称的位置元素的转置；$I$ 表示适维单位矩阵。于是，等价控制器为 $u_{eq}(t) = WX^{-1}x(t)$，并且滑模动力系统（11－10）是全局渐近稳定的。

证明：假设 Lyapunov 函数为：

$$V(t) = x^T(t)Px(t) + \int_{t-d}^{t} x^T(\tau)Rx(\tau)d\tau$$

其中：P，R 为对称正定矩阵。计算 $\dot{V}(t)$：

$$\begin{aligned}\dot{V}(t) &= 2x^T(t)P\dot{x}(t) + x^T(t)Rx(t) - x^T(t-d)Rx(t-d) \\ &= 2x^T(t)P[(A+DFE_1)+(B+DFE_2)K]x(t) + 2x^T(t)P(A_d + \\ &\quad DFE_d)x(t-d) + x^T(t)Rx(t) - x^T(t-d)Rx(t-d) \\ &= x^T(t)(PA + A^TP + PBK + K^TB^TP + R)x(t) + x^T(t)(PA_d + A_d^TP)x(t- \\ &\quad d) - x^T(t-d)Rx(t-d) + x^T(t)(PDFE_1 + PDFE_2K + E_1^TF^TD^TP + \\ &\quad K^TE_2^TF^TD^TP)x(t) + x^T(t)PDFE_dx(t-d) + x^T(t-d)E_d^TF^TD^TPx(t)\end{aligned}$$

应用引理，得到：

$$\begin{aligned}&x^T(t)(PDFE_1 + PDFE_2K + E_1^TF^TD^TP + K^TE_2^TF^TD^TP)x(t) \leqslant \\ &x^T(t)[\varepsilon PDD^TP + \varepsilon^{-1}(E_1+E_2K)^T(E_1+E_2K)]x(t) \\ &x^T(t)PDFE_dx(t-d) + x^T(t-d)E_d^TF^TD^TPx(t) \leqslant \\ &x^T(t)\varepsilon PDD^TPx(t) + \varepsilon^{-1}x^T(t-d)E_d^TE_dx(t-d)\end{aligned}$$

因而，$\dot{V}(t) \leqslant \xi^T(t)\Phi\xi(t)$。

其中：$\xi(t) = [x(t) \quad x(t-d)]$。

$$\Phi = \begin{bmatrix} Z & PA_d \\ A_d^TP & -R+\varepsilon^{-1}E_d^TE_d \end{bmatrix} \tag{11-12}$$

其中：$Z = PA + A^TP + PBK + K^TB^TP + R + \varepsilon PDD^TP + \varepsilon^{-1}(E_1+E_2K)^T$

$(E_1 + E_2K)$。

因此，$\dot{V}(t) < 0$ 成立的条件是 $\Phi < 0$。对式（11－12）前乘和后乘矩阵 $\text{diag}\{P^{-1}, P^{-1}\}$，可得 LMI 如下：

$$\begin{bmatrix} \Sigma & A_d & X(E_1 + E_2K)^T & X \\ * & -R & E_d^T & 0 \\ * & * & -\varepsilon I & 0 \\ * & * & * & -R^{-1} \end{bmatrix}$$

其中：$\Sigma = AX + XA^T + BKX + XK^TB^T + \varepsilon DD^T$。令 $W = KX$，并且前乘和后乘对角阵 $\text{diag}\{I, R^{-1}, I, I\}$，并且假设 $V = R^{-1}$，可得式（11－11）。证毕。

11.3 仿真示例

对系统（11－1），系统参数如下：

$$A = \begin{bmatrix} 0 & 1 \\ 0 & -1 \end{bmatrix}, B = \begin{bmatrix} 0 \\ 5 \end{bmatrix}, A_d = \begin{bmatrix} 0 & 0 \\ 0.1 & 0.1 \end{bmatrix}, C = [1.3 \quad 1], D = \begin{bmatrix} 0.5 \\ 0.1 \end{bmatrix},$$

$E_1 = [0 \quad 0.1], E_d = [0 \quad 0.1], E_2 = 0.1$；时滞常数 $d = 3$；初始状态为 $X_0 = [1 \quad 0]^T$。

由式（11－8）、式（11－9），可得滑模控制器 $u(t)$。假设 $f = 0.01$，$\gamma = 0.6$，外界干扰 $W(t) = 0.005\sin(2\pi t)$。根据定理 2，可得：

$$X = \begin{bmatrix} 0.4002 & -0.2891 \\ -0.2891 & 0.3968 \end{bmatrix}$$

$$V = \begin{bmatrix} 1.1928 & -0.0078 \\ -0.0078 & 1.1850 \end{bmatrix}$$

$$W = [-0.1470 \quad -0.0418]$$

于是，等价控制器增益为 $K = WX^{-1} = -[0.9358 \quad 0.7870]$。

两个状态变量 $x_1(t), x_2(t)$ 变化趋势如图 11－1 所示。

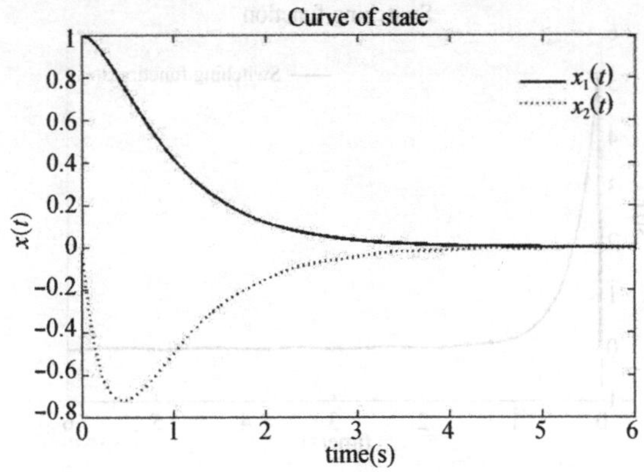

图 11－1　$x_1(t)$，$x_2(t)$ 变化趋势

运动的相平面（相轨迹）如图 11－2 所示。结果表明，在快速到达模态之后，通过合适的控制输入滑模稳定在滑动平面 $s(t)=0$ 上。应用了积分滑模控制器，可以有效地减少抖振。

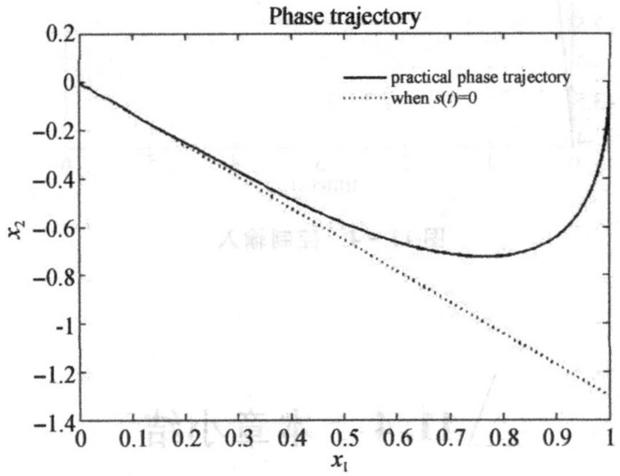

图 11－2　相轨迹

开关函数变化趋势如图 11－3 所示。在图 11－4 中，控制输入一开始轻微地振动，然后逐渐稳定到零。

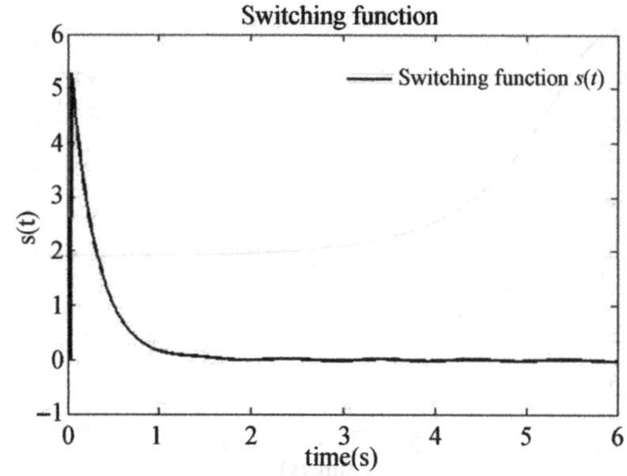

图 11－3　开关函数

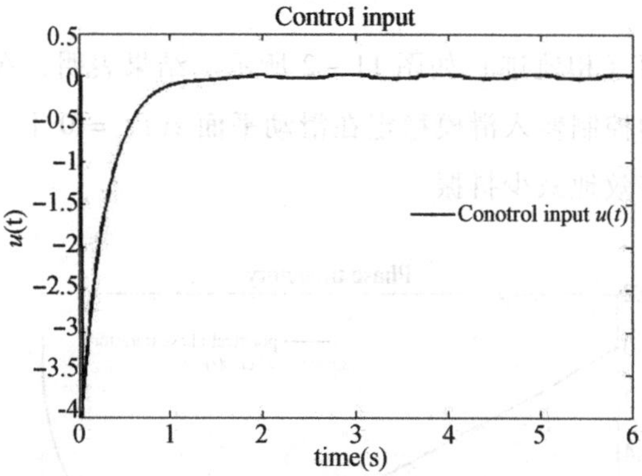

图 11－4　控制输入

11.4　本章小结

本章提出了一种积分滑模控制器并应用到具有状态时滞的不确定连续网络控制系统中。参数不确定性满足范数有界准则，滑模服从匹配要求。新的积分开关函数包括状态反馈控制增益和滑模补偿器。进一步，根据 Lyapunov 稳定条件和 LMI 凸优化技术，可以得到闭环系统渐近稳定的充分条件。

第12章

一类SEIR传染病模型的稳定性及最优控制模型

12.1 引言

20世纪60年代初，随着卫生设施的改善、医疗水平的提高以及人类文明的不断进步，诸如霍乱、天花等曾经肆虐全球的传染性疾病已经得到有效的控制。但是一些新的、不断变异的传染病毒却悄悄向人类袭来，给人类健康带来极大威胁。比如，20世纪80年代开始肆虐全球的HIV病毒；2003年突袭人类的SARS病毒；2014年西非多个国家爆发的Ebola病毒；2015年巴西流行的Zika病毒等。

一直以来，人们利用传染病动力学方法研究传染病传播规律，预测传染病流行的趋势[115-118]。闵乐泉等研究了传染病模型中引入包含免疫项的HBV感染以及HIV感染模型，并进行稳定性分析，模拟临床抗感染的疗效[119-120]；李冬梅等建立了潜伏期具有常数输入率的SEIR模型，得到模型仅存在地方病平衡点，并且是全局稳定的结论；并且针对一类具有双时滞潜伏期和恢复期的SEIR模型研究了无病平衡点及地方病平衡点的稳定性[121-122]；Masud等建立了病媒虫传染SIR－SI模型，并且运用极小值原理，取得预防登革热传播的最优控制策略[123]；Momoh 等运用最优控制理论对 Zika 病毒的传播进行了研究[124]；Li Hong - li 等研究了一类具有反馈控制的随机 SI 模型，得到了随机系统全局渐近稳定的充分条件[125]；宫兆刚等在 SIR 模型中引入免疫接种率，构造 Dulac 函数，得到了地方病平衡点具有全局稳定性的充分条件[126]；杜文举等研究了一类潜伏期具有传染力的离散 SEIR 模型，对无病平衡点处 Neimark - Sacker 分岔的存在性、稳定性及方向性进行了分析[127]。

本章针对一类 SEIR 传染病模型，分析了无病平衡点和地方病平衡点的渐近稳定性，并且对存在地方病平衡点（即病毒开始蔓延）的情形运用极小值原理，求得满足给定约束条件和性能指标的最优控制策略。而且给出仿真算例进行验证。

12.2 问题描述

SEIR 模型用于传染病传播过程的建模，并将传染病流行范围的人群分成以下几类：即易感者（Susceptible）、潜伏者（Exposed）、感染者（Infective）、移出者（Removal）。该模型可表示为：

$$\begin{aligned}\dot{x}_1(t) &= \lambda - \beta x_1(t)x_2(t) - dx_1(t)\\ \dot{x}_2(t) &= \beta x_1(t)x_2(t) - (v + d)x_2(t)\\ \dot{x}_3(t) &= vx_2(t) - dx_3(t)\\ \dot{x}_4(t) &= \gamma x_3(t) - dx_4(t)\end{aligned} \tag{12-1}$$

其中：$x_1(t)$ 为易感者数量；$x_2(t)$ 为潜伏者数量；$x_3(t)$ 为感染者数量；$x_4(t)$ 为移出者数量；λ 为出生率，d 为死亡率，β 为发病率，v 为潜伏者人群成为感染者人群的比率，γ 为治愈率，且 $\lambda, d, \beta, v, \gamma$ 均为正实数。根据极限理论，系统（12 - 1）的前三个方程中不含 $x_4(t)$，所以，此系统可只考虑前三个方程：

$$\begin{aligned} \dot{x}_1(t) &= \lambda - \beta x_1(t)x_2(t) - dx_1(t) \\ \dot{x}_2(t) &= \beta x_1(t)x_2(t) - (v+d)x_2(t) \\ \dot{x}_3(t) &= vx_2(t) - dx_3(t) \end{aligned} \tag{12-2}$$

令 $N(t) = x_1(t) + x_2(t) + x_3(t)$，由系统（12－2）可得 $\dot{N}(t) = \lambda - dN(t)$，从而有 $\lim\limits_{t\to\infty}\sup N(t) \leqslant \frac{\lambda}{d}$。因此，系统（12－2）的可行域是：

$$\pi = \left\{ \begin{aligned} &(x_1(t), x_2(t), x_3(t)) \mid x_1(t) + x_2(t) + x_3(t) \\ &\leqslant \frac{\lambda}{d}, x_1(t) > 0, x_2(t) \geqslant 0, x_3(t) \geqslant 0 \end{aligned} \right\}$$

12.3 定义、定理及主要结论

将系统（12－2）写成向量形式：

$$\dot{X}(t) = f(X)$$

其中：$X(t) = [x_1(t), x_2(t), x_3(t)]^T$；$f(X) = \begin{bmatrix} \lambda - \beta x_1(t)x_2(t) - dx_1(t) \\ \beta x_1(t)x_2(t) - (v+d)x_2(t) \\ vx_2(t) - dx_3(t) \end{bmatrix}$。

令 $f(X) = 0$，可同时解出两个平衡点：无病平衡点（DFE：Disease Free Equilibrium）E_0 和地方病平衡点（EE：Endemic Equilibrium）E_1，结果为：

$$E_0 = \left(x_1^0 = \frac{\lambda}{d}, x_2^0 = 0, x_3^0 = 0\right) \tag{12-3}$$

$$E_1 = \left(x_1^* = \frac{v+d}{\beta}, x_2^* = \frac{\beta\lambda - dv - d^2}{\beta(v+d)}, x_3^* = \frac{v(\beta\lambda - dv - d^2)}{\beta d(v+d)}\right) \tag{12-4}$$

并且由生物意义可知，$x_1^*, x_2^*, x_3^* > 0$。

系统（12－2）为非线性方程，在平衡点 E_0 处线性化，得到：

$$\dot{X}(t) \approx AX(t)$$

其中：A 为 $\Phi(X)$ 在 E_0 处的 Jacobian 矩阵，即：

$$A = \left.\frac{\partial f}{\partial X}\right|_{E_0} = \begin{bmatrix} -d & -\beta x_1^0 & 0 \\ 0 & \beta x_1^0 - v - d & 0 \\ 0 & v & -d \end{bmatrix}$$

特征方程为：$|zI - A| = 0$，则：

$$(z+d)^2(z - \beta x_1^0 + v + d) = 0$$

根据 Huiwiz 稳定性判定，DFE 线性稳定，需满足：

$$z_{1,2} = -d < 0, z_3 = \beta x_1^0 - v - d < 0$$

于是，$\dfrac{\beta x_1^0}{v+d} < 1$ 。

定义 $R_0 = \dfrac{\beta x_1^0}{v+d} = \dfrac{\beta\lambda}{d(v+d)}$。

在系统（12－2）中，令 $y = [y_1, y_2] = [x_2, x_3]$ 。

定义 $F = \begin{bmatrix} F_1 \\ F_2 \end{bmatrix} = \begin{bmatrix} \beta x_1 x_2 \\ v x_2 \end{bmatrix} = \begin{bmatrix} \beta x_1 y_1 \\ v y_1 \end{bmatrix}$，$V = \begin{bmatrix} V_1 \\ V_2 \end{bmatrix} = \begin{bmatrix} (v+d)\ x_2 \\ d x_3 \end{bmatrix} = \begin{bmatrix} (v+d)\ y_1 \\ d y_2 \end{bmatrix}$。

则：

$$M = \left[\frac{\partial F_i}{\partial y_j}\right]_{E_0} = \begin{bmatrix} \beta x_1^0 & 0 \\ v & 0 \end{bmatrix} = \begin{bmatrix} \dfrac{\beta\lambda}{d} & 0 \\ v & 0 \end{bmatrix}$$

$$K = \left[\frac{\partial V_i}{\partial y_j}\right]_{E_0} = \begin{bmatrix} v+d & 0 \\ 0 & d \end{bmatrix}$$

$$(1 \leqslant i, j \leqslant 2)$$

则有：

$$K^{-1} = \begin{bmatrix} \dfrac{1}{v+d} & 0 \\ 0 & \dfrac{1}{d} \end{bmatrix}, MK^{-1} = \begin{bmatrix} \dfrac{\beta\lambda}{d(v+d)} & 0 \\ \dfrac{v}{d} & 0 \end{bmatrix}$$

病毒再生数定义为 MK^{-1} 的谱半径，即：$R_0 = \rho(MK^{-1}) = \dfrac{\beta\lambda}{d(v+d)}$ 。

其中：ρ 表示谱半径。

于是，地方病平衡点 EE 亦可表示成：

$$E_1=\left(x_1^*=\frac{v+d}{\beta},x_2^*=\frac{d}{\beta}(R_0-1),x_3^*=\frac{v}{\beta}(R_0-1)\right)$$

利用 Lyapunov 函数来分析两个平衡点的稳定性。两个平衡点的全局稳定性的条件取决于 R_0 的大小。因此，我们有下面的定理：

定理 1：如果 $R_0\leqslant 1$，则无病平衡点 E_0 全局渐近稳定。

定理 2：当 $R_0>1$ 时，地方病平衡点 E_1 是全局渐近稳定的。

地方病平衡点 E_1 是全局渐近稳定的，也就是说，传染病呈现出流行趋势。为了防止病毒的进一步扩散，有必要采取控制措施降低传染病造成的危害。

12.4 最优控制策略

在系统（12-2）中，病毒从易感者人群到潜伏者人群的传播过程中，考虑引入预防控制策略，则有如下系统：

$$\begin{aligned}\dot{x}_1(t)&=\lambda-\beta k(1-u(t))x_1(t)x_2(t)-dx_1(t)\\ \dot{x}_2(t)&=\beta k(1-u(t))x_1(t)x_2(t)-(v+d)x_2(t)\\ \dot{x}_3(t)&=vx_2(t)-dx_3(t)\end{aligned}\qquad(12-5)$$

其中：k 为控制策略执行效率；$u(t)$ 为控制策略，且满足允许控制约束条件：$u(t)\in[0,1]$；其余参数变量与系统（12-2）相同。

写成向量形式：

$$\dot{X}(t)=f(X)+g(X)u$$

其中：$X(t)=[x_1(t),x_2(t),x_3(t)]^T$；$f(X)=\begin{bmatrix}\lambda-\beta kx_1(t)x_2(t)-dx_1(t)\\ \beta kx_1(t)x_2(t)-(v+d)x_2(t)\\ vx_2(t)-dx_3(t)\end{bmatrix}$；

$$g(X) = \begin{bmatrix} \beta k x_1(t) x_2(t) \\ -\beta k x_1(t) x_2(t) \\ 0 \end{bmatrix}。$$

在 EE 点处线性化，得到如下的双线性系统：

$$\dot{X}(t) = (A + Bu(t))X(t))$$

其中：$A = \frac{\partial f}{\partial X}\bigg|_{E_1} = \begin{bmatrix} -d & -\beta k x_1^* & 0 \\ 0 & \beta k x_1^* - v - d & 0 \\ 0 & v & -d \end{bmatrix}$；

$$B = \frac{\partial g}{\partial X}\bigg|_{E_1} = \begin{bmatrix} \beta k x_2^* & \beta k x_1^* & 0 \\ -\beta k x_2^* & -\beta k x_1^* & 0 \\ 0 & 0 & 0 \end{bmatrix}。$$

假设性能指标为：

$$J(u) = \int_0^{T_f} [XQX^T + ru^2(t)]dt \tag{12-6}$$

其中：$Q = \begin{bmatrix} 0 & 0 & 0 \\ 0 & q_2 & 0 \\ 0 & 0 & q_3 \end{bmatrix} > 0$、$r = \frac{c}{2} \geqslant 0$ 分别为 $x_2(t)$、$x_3(t)$ 和 $u(t)$ 的加权系数。

寻求最优控制策略 $u^*(t)$，使性能指标（12-6）达到极小，即：

$$J(u^*) = \underset{u \in [0,1]}{\operatorname{argmin}} \{J(u)\}$$

定义 Hamilton 函数如下：

$$H = \left[q_2 x_2(t) + q_3 x_3(t) + \frac{1}{2} c u^2(t)\right] + \psi_1(t)\dot{x}_1(t) + \psi_2(t)\dot{x}_2(t) + \psi_3(t)\dot{x}_3(t) \tag{12-7}$$

其中：$\psi_k(t)(k = 1,2,3)$ 为 Lagrange 乘子变量，且满足如下协态方程（正则方程）：

$$\dot{\psi}_k(t) = -\frac{\partial H}{\partial x_k} \quad (k = 1,2,3) \tag{12-8}$$

由式（12-5）、式（12-7）和式（12-8），得：

$$
\begin{aligned}
\dot{\psi}_1(t) &= (\psi_1(t) - \psi_2(t))\beta k(1 - u(t))x_2(t) + \psi_1(t)d \\
\dot{\psi}_2(t) &= ((\psi_1(t) - \psi_2(t))\beta k(1 - u(t))x_1(t) + \\
&\quad \psi_2(t)(v + d) - \psi_3(t)v - q_2 \\
\dot{\psi}_3(t) &= \psi_3(t)d - q_3
\end{aligned}
\tag{12-9}
$$

最优控制策略 $u^*(t)$ 使 Hamilton 函数取得最小值，可得 $\frac{\partial H}{\partial u} = 0$。由式(12-5)和式(12-7)，有：

$$
\begin{aligned}
H &= \left[q_2x_2(t) + q_3x_3(t) + \frac{1}{2}cu^2(t)\right] + \psi_1(t)\dot{x}_1(t) + \psi_2(t)\dot{x}_2(t) + \psi_3(t)\dot{x}_3(t) \\
&= \left[q_2x_2(t) + q_3x_3(t) + \frac{1}{2}cu^2(t)\right] + \psi_1(t)[\lambda - \beta k(1 - u(t))x_1(t)x_2(t) \\
&\quad - dx_1(t)] + \psi_2(t)[\beta k(1 - u(t))x_1(t)x_2(t) - (v + d)x_2(t)] + \\
&\quad \psi_3(t)[vx_2(t) - dx_3(t)]
\end{aligned}
$$

于是，$\frac{\partial H}{\partial u} = cu(t) + (\psi_1(t) - \psi_2(t))\beta k x_1(t)x_2(t) = 0$。

于是，得到无约束最优控制策略为：

$$
u^c(t) = \frac{(\psi_2(t) - \psi_1(t))}{c}\beta x_1(t)x_2(t) \tag{12-10}
$$

最优控制策略 $u^*(t)$ 还应该满足允许控制条件：

$$
u^*(t) = \begin{cases} 0 & if \quad u^c(t) \leqslant 0 \\ u^c(t) & if \quad 0 < u^c(t) < 1 \\ 1 & if \quad u^c(t) \geqslant 1 \end{cases} \tag{12-11}
$$

12.5 仿真研究

在系统（12-2）中，取参数：$\lambda = 1.1, \beta = 0.6, v = 0.4, d = 0.7$。

则有 $R_0 = 0.857 < 1$，因而，DFE 稳定。此时，没有传染病流行趋势。假设初始值为：$x_1(0) = 0.74, x_2(0) = 0.25, x_3(0) = 0.01$。

仿真结果如图 12－1 所示。

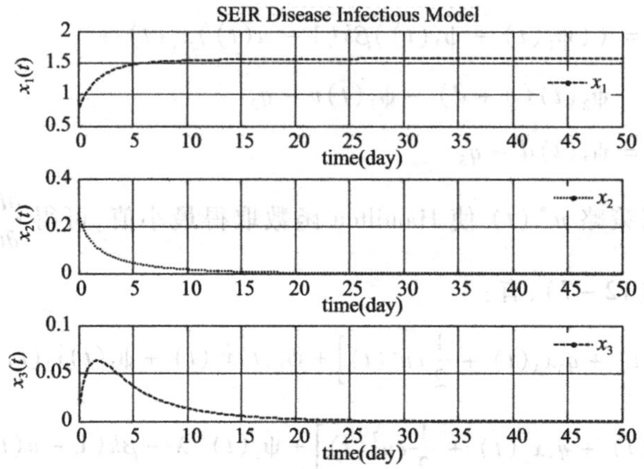

图 12－1　x_1, x_2, x_3 变化趋势（$R_0=0.857<1$）

从图 12－1 可以看出，易感者人群 $x_1(t)$ 在 10 天后逐渐趋于稳定，潜伏者人群 $x_2(t)$ 及感染者人群 $x_3(t)$ 在 20 天之后逐渐减少趋于零。可见，在 $R_0=0.857<1$ 的情况下，流行病没有传播。

在系统（12－2）中，取参数：$\lambda=1.1, \beta=0.6, v=0.4, d=0.09$。

则有 $R_0=14.966>1$，因而，DFE 不稳定，但 EE 稳定。此时处在流行病传播状态。此时，在系统（12－5）中，取控制执行效率 k 及性能指标加权系数为：$k=0.01, c_1=25, A_1=30, A_2=500$。

其余参数不变。仿真结果如图 12－2（a）、图 12－2（b）、图 12－2（c）、图 12－2（d）所示。

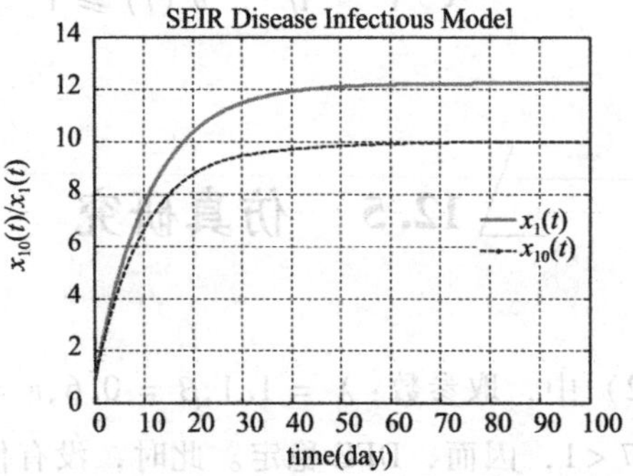

图 12－2（a）　x_1 控制前后变化趋势（实线：控制后；虚线：控制前）

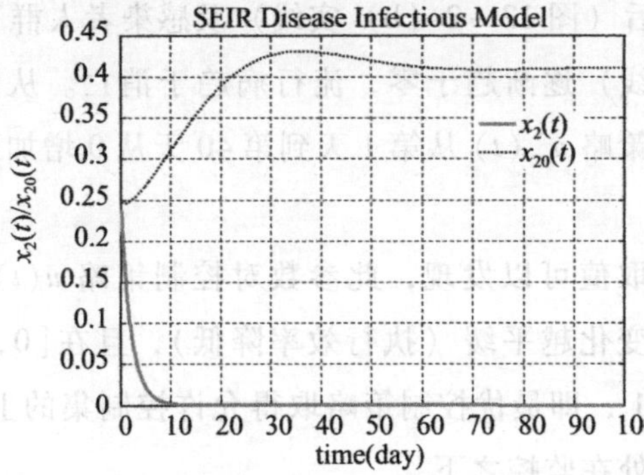

图 12 - 2（b） x_2 控制前后变化趋势（实线：控制后；虚线：控制前）

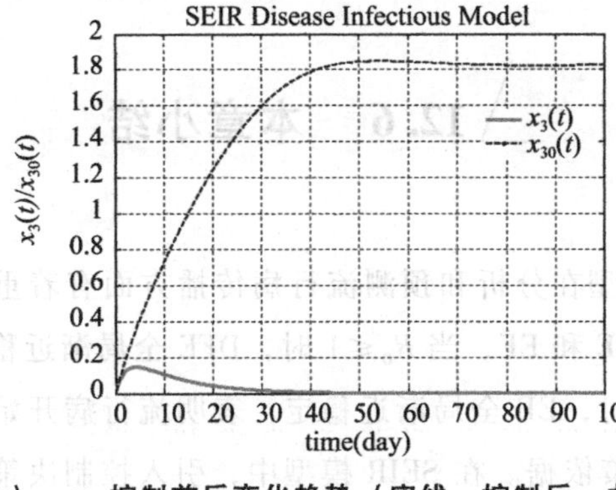

图 12 - 2（c） x_3 控制前后变化趋势（实线：控制后；虚线：控制前）

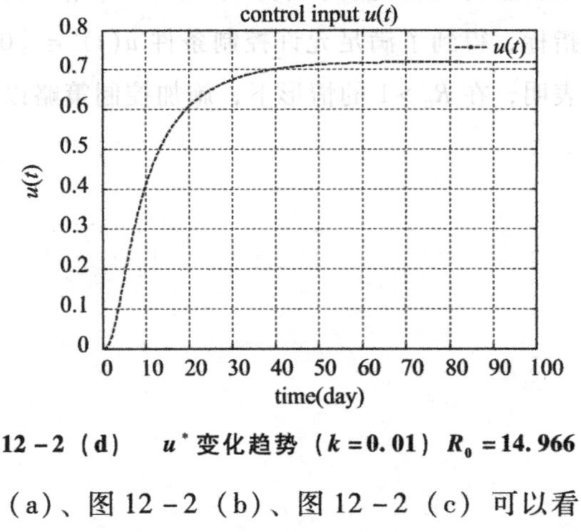

图 12 - 2（d） u^* 变化趋势（$k=0.01$）$R_0=14.966>1$

从图 12 - 2（a）、图 12 - 2（b）、图 12 - 2（c）可以看出，控制前传染病呈流行趋势（如图中的虚线所示）；加入控制策略 $u^*(t)$ 之后，潜伏者人

群 x_2 从第 10 天之后（图 12－2（b）实线）及感染者人群 x_3 从第 40 天之后（图 12－2（c）实线）逐渐趋于零，流行病趋于消亡。从图 12－2（d）可以看出，最优控制策略 $u^*(t)$ 从第 1 天到第 40 天从 0 增加到 0.7，之后逐渐维持不变。

分析参数 k 的取值可以发现，此参数对控制策略 $u(t)$ 影响较大：k 越小，最优控制策略变化越平缓（执行效率降低），且在 $[0,1]$ 之间变化；当 $k=1$ 时，$u^*(t)=1$，即最优控制策略取得允许控制集的上界，此时，表现为流行病传播始终处在监控之下。

12.6　本章小结

SEIR 传染病模型在分析和预测流行病传播方面有着重要作用。本章分析了两类平衡点 DFE 和 EE，当 $R_0 \leqslant 1$ 时，DFE 全局渐近稳定，即传染病趋于灭绝；当 $R_0 > 1$ 时，EE 全局渐近稳定，表明流行病开始蔓延；这为公共卫生机构提供了决策依据。在 SEIR 模型中，引入控制决策变量，对病毒从潜伏者人群传染给易感者人群进行控制，采用 Pontryagin 极小值原理，设定系统满足的性能指标，得到了满足允许控制条件 $u(t) \in [0,1]$ 的最优控制策略。仿真算列表明，在 $R_0 > 1$ 的情形下，施加控制策略以后，可以控制流行病的蔓延趋势。

参考文献

[1] Feldbaum A A. Dual control theory: I - IV. Automatic Remote Control [J]. 1960, 21; 1961, 22.

[2] Feldbaum A A. Optimal control systems [M]. New York: Academic, 1965.

[3] Murphy W J. Optimal stochastic control of discrete time system with unknown gain. IEEE Trans on Automat Contr [J]. 1968, AC - 13: 338 - 342.

[4] Alspack D L. Dual control based on approximate a posterior density function. IEEE Trans on Automat Contr [J]. 1972, AC - 17 (5): 689 - 692.

[5] Moreno L, et al. Dynamic programming approach for nonlinear systems. IEE Proc D Control Theory Application, 1994, 141 (6): 409 - 417.

[6] Moreno L, Acosts L, Sancher J L. Design of algorithms for spatial - time reduction complexity of dynamic programming. IEE Proc D Control Theory Application [J]. 1992, 139 (2): 172 - 180.

[7] Tse E, Bar - shalom Y, Meier L. Wide - sense adaptive dual control for nonlinear stochastic systems. IEEE Trans on Automat Contr [J]. 1973, AC - 18 (2).

[8] Tse E, Bar - shalom Y. An actively adaptive control for linear systems with random parameters via the dual control approach. IEEE Trans on Automat Contr [J]. 1973, AC - 18 (2).

[9] Wittenmark B. An active suboptimal dual controller for systems with stochastic parameters. Automat Contr Theory & Application [J]. 1975, 3 (11):

13 - 19.

[10] Alster J, Belanger P R. A technique for dual adaptive control. Automatica [J]. 1974 (10): 627 - 634.

[11] Bar - shalom Y, Tse E. Dual effect, certainty equivalence, and separation in stochastic control. IEEE Trans on Automat Contr [J]. 1974, AC - 19 (5).

[12] Goodwin G C, Payne R. Dynamic system identification: experiment design and data analysis in Math Sci & Eng, New York: Academic, 1977.

[13] Deshpande J G, Upadhyay T N, Lainiotis D G. Adaptive Control of Linear Stochastic System. Automatica [J]. 1973 (9): 107 - 115.

[14] Milito R, et al. An innovations approach to dual control. IEEE Trans Automat Contr [J]. 1982, AC - 27 (1): 132 - 137.

[15] Filatov N M, Keuchel U, Unbehauen H. Dual control for unstabale mechanical plant. IEEE Control Systems Magazine [J]. 1996, 16 (4): 31 - 37.

[16] Filatov N M, Unbehauen H. Real - time dual control with indirect adaptive pole - placement. UKACC International Conference on Control [C]. 1996.

[17] Filatov N M, Unbehauen H, Keuchel U. Dual pole - placement controller with direct adaptation. Automatica [J]. 1997, 33 (1): 113 - 117.

[18] Filatov N M, Unbehauen H. Adaptive controller with dual properties for systems with unmodelled nonlinearity. Proc of the American Control Conference [C]. Albuquerque, New Mexico, 1997.

[19] Filatov N M, Unbehauen H. Adaptive dual control for continuous - time systems: a simple example. UKACC International Conference on Control [C]. 1998.

[20] Filatov N M, Unbehauen H. Adaptive dual controller for systems with unmodelled effects. IEE Proc Control Theory Appl [J]. 1999, 146 (4).

[21] Filatov N M, Unbehauen H. Survey of adaptive dual control methods. IEE Proc Control Theory Appl [J]. 2000, 147 (1).

[22] Filatov N M, Unbehauen H. Adaptive dual control theory and applica-

tions [M]. Heidelb - erg: Springer - Verlag, 2004.

[23] Silva R N, Filatov N, Lemos J M, Unbehauen H. A dual approach to start - up of an adaptive predictive controller. IEEE Trans on Control Systems Technology, 2005, 13 (6).

[24] Knohl T, Xu W M, Unbehauen H. Indirect adaptive dual control for Hammerstein systems using ANN. Control Engineering Practice [J]. 2003: 377 - 385.

[25] Simon Fabri, et al. Dual Adaptive Control of Nonlinear Stochatic Systems using Neural Networks. Automatica [J]. 1998, 34 (2): 245 - 253.

[26] Hijab O. Entropy and dual control. In: Proc of 23rd conference on decision and control [C]. Las Vegas, NV, USA, 1984.

[27] Saridis G N. Entropy Formulation of Optimal and Adaptive Control. IEEE Trans on Automat Contr [J]. 1988, 33 (5).

[28] Tsai Y A, Casiello F A, Loparo K A. Discrete - time entropy formulation of optimal and adaptive control problems. IEEE Trans on Automt Contr [J]. 1992, 37 (7): 1083 - 1088.

[29] Li Duan, Qian Fucai, Fu Peilin. Variance minimization approach for a class of dual control problems. IEEE Trans on Automat Contr [J]. 2002, 47 (12): 2010 - 2020.

[30] Li Duan, Qian Fucai, Fu Peilin. Variance minimization in stochastic systems. In X Y, Zhou (Ed), Stochastic Modeling and Control [C]. New York: Springer, 2002.

[31] Li Duan, Qian Fucai, Fu Peilin. Variance minimization approach for a class of dual control problem. Proc of the American Control Conference [C]. Anchorage, AK, 2002.

[32] Li Duan, Qian Fucai, Fu Peilin. Mean - variance control for discrete - time LQG problems. Proc of the American Control Conference [C]. Denver, Colorado, 2003.

[33] Li Duan, Fu Peilin, Qian Fucai. Optimal nominal dual control for dis-

crete - time LQG problem with unknown parameters. In: SICE Annual Conference [C]. Fukui, Japan, 2003.

[34] Li Duan, Qian Fucai. Closed - loop optimal control law for discrete - time LQG problems with a mean - variance objective. In: 43rd IEEE Conference on Decision and control [C]. Paradiss Island, Bahamas, USA, 2004.

[35] Li Duan, Qian Fucai, Fu Peilin. Research on Dual Control. Acta Automatic Sinca [J]. 2005, 31 (1).

[36] Fu Peilin. Variance Minimization and dual control [D]. Hongkong: The Chinese University of Hong Kong, 2003.

[37] Fu Peilin, Lu Duan, Qian Fucai. Active dual control for linear - quadratic Gaussian system with unknown parameters. In: Proc of the 15th IFAC World Congress [C]. Barcelona, Spain, 2002.

[38] Liu Ding, Liu Xiaoyan, Qian Fucai, Liu Han. Blind sources separation based on dual adaptive control. In: The 4th International Symposium on Independent Component Analysis and Blind Signal Separation (ICA2003) [C]. Nara, japan, 2003: 446 - 450.

[39] Qian Fucai, Liu Ding, Chen Xiaoke. Dual Control based on rolling optimization. In: Proc of the 5th World Congress on Intelligent Control and Automation [C]. Hangzhou, China, 2004.

[40] Qian Fucai, Li Yunxia, Liu Ding. Innovations two - stage dual control. Journal of Systems Engineering and Electronics [J]. 2004, 15 (1): 78 - 82.

[41] 刘筱琰. 对偶自适应控制与 BSS 问题研究 [D]. 西安: 西安理工大学, 2002.

[42] 李云霞. 双态自适应控制问题研究 [D]. 西安: 西安理工大学, 2003.

[43] 陈小可. 具有不确定参数的 LQG 对偶控制问题研究 [D]. 西安: 西安理工大学, 2004.

[44] 钱富才, 刘筱琰, 刘丁. 基于新息的最小方差对偶控制 [J]. 西

安理工大学学报，2002，18（2）.

［45］钱富才，刘丁，李云霞．基于两级算法的对偶控制［J］．控制理论与应用，2004，21（1）.

［46］钱富才，刘丁，陈晓可．基于滚动优化的对偶控制策略［J］．控制理论与应用，2005，22（6）.

［47］Qian Fucai，Gao Jianjun，Li Duan．Complete Statistical Characterization of Discrete－Time LQG and Cumulant Control［J］．IEEE Transactions on Automatic Control，2012，57（8）：2110－2115.

［48］梁军．对偶自适应控制［J］．控制理论与应用，1997，14（3）：297－305.

［49］沈艳霞，林瑾，纪志成．基于模型参考自适应方法的对偶控制方法研究［J］．信息与控制，2005，34（4）：412－422.

［50］郑言海，杨智民，庄显义．基于广义极点配置时变系统的对偶自适应控制［J］．电机与控制学报，1999，3（3）：143－146.

［51］郑言海，杨智民，庄显义．大型目标模拟器方位伺服电机的对偶自校正PID控制［J］．中国电机工程学报，2000，20（6）：84－88.

［52］郑言海，庄显义．具有时变扰动不确定系统的对偶自适应控制［J］．系统工程与电子技术，2000，22（9）：28－30.

［53］章辉，孙优贤．随机自适应控制的信息论方法［J］．控制与决策，1995，10（6）：519－524.

［54］Guo Lei. Convergence and logarithm laws of self－tuning regulators. Automatica［J］．1995，31（3）：435－450.

［55］Lai T L，Wei C Z. Asymptotically efficient self－tuning regulators. SIAM J Control & Optimization［J］．1987，25（2）：466－481.

［56］Zames G. Feedback and optimal sensitivity：model reference transformations，multiplicative seminorms and approximate inverse. IEEE Trans of Automat Contr［J］．1981（26）：301－320.

［57］Doyle J C，Glover K，Khargonekar P P，Francis B A. State space solutions to standard $\boldsymbol{H}_2$ and $\boldsymbol{H}_\infty$ control problems. IEEE Trans of Automat Contr［J］.

1989 (34): 831 - 847.

[58] Xie L, Souza C D. Robust H_∞ control for linear systems with norm - bounded time - varying uncertainty. IEEE Trans of Automt Contr [J]. 1992, 37 (8): 1253 - 1256.

[59] Boyd S, et al. Linear matrix inequalities in system and control theory [M]. Philadelphia, PA: SIAM. 1994.

[60] Gahinet P, Apkarian P A. Linear matrix inequality approach to H_∞ control. Int J Robust Nonlinear Control [J]. 1994 (4): 421 - 448.

[61] Gahinet P. Explicit controller formulas for LMI - based H_∞ synthesis. Automatica [J]. 1996, 32 (7): 1007 - 1014.

[62] Iwasaki T, Skelton R E. All controllers for the general H_∞ control problem: LMI existence condition and state space formulas. Automatica [J]. 1994, 30 (8): 1307 - 1317.

[63] Zhou K, Khargonekar P P. Robust stabilization of linear systems with norm - bounded time - varying uncertainty. Syst Contr Lett [J]. 1988, 10 (1): 17 - 20.

[64] Xie L, et al. H_∞ control and quadratic stabilization of systems with parameter uncertain via output feedback. IEEE Trans of Automt Contr [J]. 1992, 37 (8): 1253 - 1256.

[65] Zadeh L A. Fuzzy set. Information and Control [J]. 1965 (8): 338 - 353.

[66] Zadeh L A. Outline of a new approach to the analysis of complex systems and decision processes, IEEE Trans Systems Man and Cybernetics [J]. 1973, 3 (1): 28 - 44.

[67] Sugeno M, Nishida M. Fuzzy control of model car. Fuzzy Sets and Systems [J]. 1985 (16): 103 - 113.

[68] Hirota K, Arai A, Hachisu S. Fuzzy controlled robot arm playing two - dimensional ping - pong games. Fuzzy Set and Systems [J]. 1989, 32 (2): 149 - 159.

[69] Yamakawa T. Stabilization of an inverted pendulum by a high - speed fuzzy logic controller hardware systems. Fuzzy Set and Systems [J]. 1989, 32 (2): 161 -180.

[70] Takagi T, Sugeno M. Fuzzy identification of systems and its applications to modeling and control. IEEE Trans on Systems, Man, and Cybernetics [J]. 1985, 15 (1): 116 -132.

[71] Kazuo Tanaka. A unified approach to controlling choas via an LMI - based fuzzy controller system design. IEEE Trans on circuits and systems - I: Fundmental theory and application [J]. 1998, 45 (10).

[72] Kiriakos K. Non - linear control system design via fuzzy modeling and LMIs. Int J Control [J]. 1999, 72 (7/8).

[73] Wang H O, et al. Parallel ditributed compensation for Takagi - Sugeno Fuzzy modells: new stability conditions and dynamic feedback designs. Acta automatica sinica [J]. 2001, 27 (4).

[74] 孙衢，李人厚．基于模糊动态模型的多变量系统模糊控制 [J]. 自动化学报，2001，27 (5).

[75] Zhang Ning, et al. Output feedback control design of fuzzy dynamic systems via LMI. Acta Automatic Sinica [J]. 2001, 27 (4).

[76] Wu Huai Ning. Reliable LQ fuzzy control for nonlinear discrete - time systems via LMIs. IEEE Trans on Systems, man, and Cybernetics - Part B: Cybernetics [J]. 2004, 34 (2): 1270 -1275.

[77] Wang Rongjyue, et al. Stabability of linear quadratic state feedback for uncertain fuzzy time - dalay systems. IEEE Trans on Systems, man, and Cybernetics - Part B: Cybernetics [J]. 2004, 34 (2): 1288 -1292.

[78] Chang S S L, Peng T K C. Adaptive guaranteed cost control of systems with uncerntain parameters. IEEE Trans on Automat Contr [J]. 1972, AC -17 (4): 474 -483.

[79] Petersen I R, McFariane D C. Optimal guaranteed cost control and filtering for uncertain linear systems. IEEE Trans on Automt Contr [J]. 1994, AC -

37：1971－1977.

[80] Petersen I R. Guaranteed cost LQG control of uncertainty linear systems. IEE Proc Control Theory Appl [J]. 1995，142 (2).

[81] Moheimani S O Reza，Petersen I R. Optimal guaranteed cost control of uncertainty system via static and dynamic output feedback. Automatica [J]. 1996，32 (4)：575－579.

[82] Moheimani S O Reza，et al. Quadratic guaranteed cost control with robust pole placement in a disk. IEE Proc Control Theory Appl [J]. 1996，143 (1).

[83] Petersen I R. Guaranteed cost control of stochastic uncertainty system applied to a problem of missile autopilot design. Proc of the American Control Conference [J]. 1998.

[84] 俞立．不确定离散系统的最优保性能控制 [J]．控制理论与应用，1999，16 (5).

[85] 俞立，陈国定，潘海天．不确定离散时间系统的 H_2/H_∞ 最优保性能控制 [J]．控制与决策，2001，16 (2).

[86] Keel L H，Bhattacharyya S P. Robust，fragile，or optimal. IEEE Trans on Automat Contr [J]. 1997，42 (8).

[87] Yang G H，Wang J L. Non－fragile H_∞ control for linear systems with multiplicative controllr gain variations. Automatica [J]. 2001，37 (5).

[88] 陈国定，俞立，杨马英，褚健．不确定离散系统的输出反馈保性能控制 [J]．控制与决策，2002，7 (1).

[89] Lian F，et al. Control performance study of a networked machining cell [C]. Proceedings of the American Control Conference，2000，3：2337－2341.

[90] 周东华，孙优贤．控制系统的故障检测与诊断技术 [M]．北京：清华大学出版社，1994.

[91] 吴迎年，张建华，侯国莲，李泉．网络控制系统研究综述 (II) [J]．现代电力，2003，20 (6)：54－62.

[92] Goodwin C，juan Carlo A. State estimation for systems having random

measurement delays using errors in variables [C]. The 15th Triennial World Congress, Barcelona, Spain, 2002.

[93] Beldiman O, Walsh G C. Predictors for networked control systems [C]. Proc. of American Control Conference, Chicago, USA, 2000: 2347-2351.

[94] 于之训，陈辉堂，王月娟．时延网络控制系统均方指数稳定的研究 [J]．控制与决策，2000，15 (3)：278-281.

[95] Nilsson J. Real-time control systems with delays [D]. Lund institute of Technology, Sweden, 1998.

[96] 郑英，方华京，谢林柏等．具有随机时延的网络化控制系统基于等价空间的故障诊断 [J]．信息与控制，2003，32 (2)：155-159.

[97] Wu F, Grigoriadis K M. LPV systems with parameter-varying time delays: analysis and control [J]. Automatica, 2001, 37 (2): 221-229.

[98] Bokor J, Balas G. Detection filter design for LPV systems-a geometric approach [J]. Automatica, 2004, 40 (3): 511-518.

[99] Henry D, Zolghadri A. Robust fault diagnosis in uncertain linear parameter-varying systems [C]. IEEE International Conference on Systems, Man and Cybernetics, Hague, Netherlands, 2004: 5165-5170.

[100] 王红茹，王常虹，高会军．一类时滞 LPV 系统的鲁棒故障检测 [J]．控制与决策，2006，21 (10)：1148-1152.

[101] Rugh W, Shamma J. Research on gain scheduling [J]. Automatica, 2000, 36 (10): 1401-1425.

[102] Marcos A, Balas G J. Development of linear-parameter-varyingmodels for aircraft [J]. Journal of Guidance, Control and Dynamics, 2004, 27, (2): 218-228.

[103] T'oth R, Fodor D. Speed sensorless mixed sensitivity linear parameter variant H1 control of induction motor [C]. Proc. of the 43rd IEEE Conference on Decision and Control, 2004: 4435-4440.

[104] Dettori M, Scherer C W. LPV design for a CD player: anexperimental evaluation of performance [C]. Proc. of the 40th IEEE Conference on Decision

and Control, 2001: 4711 - 4716.

[105] H. J. Gao, X. Y. Meng et al. Stabilization of networked control system with a new delay characterization [J]. IEEE Transaction on Automatic Control. 2008, 53 (9): 2142 - 2148.

[106] Mahmound M S. New results on linear parameter - varying time - delay systems, Journal of the Franklin Institute, 2004 (341): 675 - 703.

[107] Henry D, Zolghadri A. Robust fault diagnosis in uncertain linear parameter - varying systems. IEEE International Conference on Systems, Man and Cybernetics, Hague, Netherlands, 2004: 5165 - 5170.

[108] D. Robert, O. Sename and D. Simon, synthesis of a sampling period dependent controller using LPV approach, In Proceedings of IFAC Symposium on Robust Control Design, 2006.

[109] D. Robert, O. Sename and D. Simon, reduced polytopic LPV synthesis for a sampling varying controller: experimentation with a T inverted pendulum, in Proceedings of European Control Conference, 2007.

[110] 王玉龙，杨光红. 具有时变采样周期的网络控制系统的 H_∞ 控制 [J]. 信息与控制. 2007, 36 (3): 278 - 284.

[111] 姜培刚，姜偕富，李春文，徐文立. 基于 LMI 方法的网络化控制系统的 H_∞ 鲁棒控制 [J]. 控制与决策. 2004, 19 (1): 17 - 26.

[112] M. O. Efe, O. Kaynak et al. Sliding mode control of a three degrees of freedom anthropoid robot by driving the controller parameters to an equivalent regime [J]. Transactions of the ASME, Journal of Dynamic Systems, Measurement and Control. 2000, 122 (4): 632 - 640.

[113] C. Chou, C. Cheng. A decentralized model reference adaptive variable structure controller for large - scale time - varying delay systems [J]. IEEE Transactions on Automatic Control. 2003, 48 (7): 1213 - 1217.

[114] A. Poznyak, L. Fridman, F. J. Bejarano. Mini - max integral sliding mode control for multimodel linear uncertain systems [J]. IEEE Transactions on Automatic Control. 2004, 49 (1): 97 - 102.

[115] H. W. Hechcote. The mathematics of infectious diseases [J]. SIAM Review, 2000, 42 (4): 599 - 653.

[116] Driessche P. V. D. Reproduction numbers and sub - threshold endemic equibria for compartmental models of disease transmission [J]. Mathematical biosciences, 2002 (180): 29 - 48.

[117] Driessche P. V. D. Reproduction numbers of infectious disease models [J]. Infectious diseasemodelling, 2017 (2): 288 - 303.

[118] 王宾国，邵祖，李海萍．仓室传染病模型基本再生数的发展简介 [J]. 兰州大学学报（自然科学版），2016，52 (3)：380 - 384.

[119] 闵乐泉，孙起麟，刘颖，陈晓．HIV 模型动力学及抗 HIV 感染治疗仿真 [J]. 生物数学学报，2015，30 (1)：154 - 160.

[120] 陈晓，闵乐泉，孙起麟．改进的 HBV 感染模型动力学分析及数值模拟 [J]. 生物数学学报，2013，28 (2)：278 - 284.

[121] 李冬梅，桂春羽，温盼盼．一类潜伏期具有常数输入率的 SEIR 模型在流感防控中的应用 [J]. 数学的实践与认识，2015，4 (12)：160 - 166.

[122] 李冬梅，高添奇，逯兰芬，罗雪峰，杨美英．一类具有双时滞的 SEIR 传染病模型稳定性及持久性 [J]. 数学的实践及认识，2017，47 (20)：122 - 128.

[123] Masud M. A. , Byul Nim Kim, Yongkuk Kim. Optimal control problems of mosquito - borne disease subject to changes in feeding bevior of Aedes mosquitoes [J]. BioSystems, 2017, 156 - 157: 23 - 39.

[124] Momoh A. A. , Fugenshuh A. Optimal control of intervention strategies and cost effectiveness analysysis for a Zika virus model [J]. Operations research for Health Care, 2018 (18): 99 - 111.

[125] Li Hong - li, Zhang Long, Teng Zhi - dong, jiang yao - lin. Global stability of a stochastic SI epidemic model with feedback controls [J]. Journal of Biomathematics, 2017, 32 (2): 137 - 145.

[126] 宫兆刚，罗李平，罗振国．一类具免疫控制的 SIR 传染病模型的

稳定性［J］. 数学理论与应用，2016，36（1）：55－60.

［127］杜文举，秦爽，张建刚，俞建宁. 一类潜伏期具有传染力的离散SEIR传染病模型的Neimark－Sacker分岔［J］. 暨南大学学报（自然科学与医学版），2016，37（6）：518－524.

［128］Maitelli A L，Yoneyama. A multistage suboptimal dual controller using optimal predictors. IEEE Trans on Automat Contr［J］. 1999，44（5）.

［129］Maitelli A L，Yoneyama T. Suboptimal dual adaptive control for blood pressure management. IEEE Trans on Biomedical Engineering［J］. 1997，44（6）.

［130］Maitelli A L，Yoneyama T. A Two－stage suboptimal dual controller for stochastic systems using approximate moments. Automatica［J］. 1994，30（12）：1949－1954.

［131］Molusis J A，et al. Dual adaptive control based upon sensitivity functions. Proc 23rd IEEE Conf Deci Contr［C］. 1987：316－320.

［132］Wenk C J，Bar－shalom Y. A multiple model adaptive dual control algorithm for stochastic systems with unknown parameters. IEEE Trans on Automat contr［J］. 1980，25（4）.

［133］王伟，李晓理. 多模型自适应控制［M］. 北京：科学出版社，2001.

［134］舒迪前. 预测控制系统及其应用［M］. 北京：机械工业出版社，1996.

［135］袁向阳，施颂椒. 基于多模型的自适应控制研究进展［J］. 上海交通大学学报，1999，33（5）.

［136］Garcia G，Pradin B，Tarbouriech S，Zeng F. Robust stabilization and guaranteed cost control for discrete－time linear systems by static output feedback. Automatica［J］. 2003（39）：1635－1641.

［137］Dhawan A，Kar H. Optimal guaranteed cost control of 2－D discrete uncertain systems：An LMI approach. Signal Processing［J］. 2007（87）：3075－3085.

［138］Lien Chen－Hua. Delay－dependent and delay－indepent guaranteed cost control for uncerntain neutral systems with time - varying delay via LMI approach. Chaos, Solitons and Fractals [J]. 2007 (33): 1017 - 1027.

[139] Ibrir S. Static output feedback and guaranteed cost control of a class of discrete - time nonlinear systems with partial state measurements. Nonlinear Analysis [DB/OL]. *http*: //www. sciencedirect. com.

[140] Wu H N, Cai K Y. H_2 guaranteed cost fuzzy control design for discrete - time nonlinear systems with parameter uncertainty. Automatica [J]. 2006, 42 (7): 1183 - 1188.

[141] Wu H N, Cai K Y. H_2 guaranteed cost fuzzy control for uncertain nonlinear systems via linear matrix inequalities. Fuzzy Sets and Systems [J]. 2004, 148 (3): 411 - 429.

[142] 俞立. 鲁棒控制——线性矩阵不等式处理方法 [M]. 北京: 清华大学出版社, 2002.

[143] Bernstain D S, Hadda W M. Robust stability and performance analysis for state space systems via quadratic lyapunov bounds. SIAM J Matrix Anal [J]. 1990, 11 (2): 239 - 271.

[144] Bernstain D S, Haddad W M. The optimal projection equations with Petersen - Hloolt bounds: Robust stability and perormance via fixed order dynamics compensation for systems with structure real valued parameter uncertainty [J]. IEEE Trans on Automat Contr [J]. 1998, AC - 33 (6): 572 - 582.

[145] 李俊, 蔡立军. 线性不确定多时滞系统的输出反馈保性能控制 [J]. 昆明理工大学学报 (理工版), 2005, 30 (6).

[146] 钱龙军, 盛安冬, 郭治. 不确定随机系统的满意估计问题研究 [J]. 自动化学报, 2002, 28 (5).

[147] 吴淮宁, 谢凯年, 尤昌德. 随机系统的鲁棒状态反馈控制 [J]. 信息与控制, 1998, 27 (1).

[148] 王德进. H_2 和 H_∞ 优化控制理论 [M]. 哈尔滨: 哈尔滨工业大学出版社, 2001.

[149] 郭尚来. 随机控制 [M]. 北京: 清华大学出版社, 2000.

[150] 吴忠强．非线性系统的鲁棒控制及应用 [M]．北京：机械工业出版社，2005.

[151] He Yong, Wu Min, She Jin－hua. Improved bounded－Real－Lemma representation and H_∞ control of systems with polytopic uncertainties. IEEE Trans on circuits and systems II：Express Briefs, 2005, 52 (7).

[152] Shaked U. Improved LMI representations for the analysis and the design of continuous－time systems with polytopic type uncertainty. IEEE Trans on Automat Contr [J]. 2001, 46 (4).

[153] Wang Rong－Jyue, et al. Stabilizability of linear quadratic state feedback for uncertain fuzzy time－dalay systems. IEEE Trans on Systems, man, and Cybernetics－Part B：Cybernetics [J]. 2004, 34 (2)：1288－1292.

[154] Yang G H, Wang J L, Lin C. H_∞ control for linear systems with additive controller gain variations. Int J Control [J]. 2000, 73 (16).

[155] Yang G, Wang J S, Soh Y C. Guaranteed cost control for discrete－time linear systems under controller gains perturbations. Linear Algebra and its Applications [J]. 2000 (312)：161－180.

[156] 李德权，许仙珍，费树岷．基于LMI不确定混沌系统的模糊输出反馈控制 [J]．系统仿真学报，2006，17 (2).

[157] 李德权，孙长银，费树岷．不确定离散模糊随机系统的鲁棒方差约束输出反馈控制 [J]．模糊系统与数学，2004，18 (2).

[158] 李德权，崔莉莉．不确定系统具有圆形极点与方差约束的输出反馈鲁棒控制 [J]．合肥工业大学学报，2004，27 (9).

[159] 刘晓东，张庆灵．基于LMI方法的T－S模糊系统的 H_∞ 输出反馈控制器设计 [J]．控制与决策，2002，Vol.17，增刊.

[160] 刘飞，苏宏业，蒋培刚，褚健．不确定离散时滞系统具有 H_∞ 干扰抑制的保成本控制 [J]．控制与决策，2002，17 (1).

[161] 王永骥，孔明．基于非线性系统T－S模糊模型的随机最小方差控制 [J]．自动化技术与应用，2005，24 (7).

[162] 吴忠强，李杰，高美静．不确定离散模糊系统的最优保性能控制

[J]. 工程数学学报，2005，22（6）.

[163] 虞忠伟，陈辉堂. 机器人多褒贬增益输出反馈 $\boldsymbol{H}_\infty$ 控制 [J]. 控制理论与应用，2003，20（6）.

[164] 郑科，徐建明，俞立. 基于 T－S 模型的倒立摆最优保性能模糊控制 [J]. 控制理论与应用，2004，21（5）.

[165] 朱宝彦，张庆灵，张雪峰. 参数不确定 T－S 模糊交联系统的分散保成本控制 [J]. 控制与决策，2005，20（9）.

[166] 王武，杨富文. 不确定离散系统的鲁棒非脆弱 $\boldsymbol{H}_\infty$ 控制 [J]. 控制工程，2005，12（4）：335－338.

[167] 林瑞全，杨富文. 基于 $\boldsymbol{H}_\infty$ 控制理论的非脆弱控制的研究 [J]. 控制与决策，2004，19（5）.

[168] 李钢生，屈百达，黄俊. 多时滞不确定系统的非脆弱 $\boldsymbol{H}_\infty$ 鲁棒控制 [J]. 西安交通大学学报，2005，39（2）：1349－1352.